JN000341

中高生のための
宇宙教育プログラム

向井千秋 監修

東京理科大学宇宙教育プログラム実施委員会 編

ナカニシヤ出版

はじめに

東京理科大学特任副学長　向井千秋

東京理科大学では文部科学省の宇宙航空科学技術推進委託費による宇宙分野での人材育成プログラムを6年間（第1期は２０１５年度から２０１７年度、第2期は２０１８年度から２０２０年度）開催してきました。「本物に学ぶ」をモットーに、高校生や大学生を対象として行ったこのプログラムの目的は、将来、理科教員として宇宙科学技術の魅力を広く発信できる人材や、研究者・技術者・起業家等として、宇宙開発・宇宙産業の発展を担う人材を育成することでした。「講義、実習、模擬宇宙環境体験や利用（パラボリック飛行、落下、ローバーによる探査等）、海外の研究者・技術者・宇宙飛行士との交流」などのカリキュラムを通して、知識や技術を習得するとともに、宇宙分野で実際に働く人たちから仕事の面白さや厳しさを学び、キャリア形成に役立てる貴重な機会を得ることができたと思います。また、このプログラムでは、過年度の受講生がメンターとなり、新受講生の学びの支援や高校の理科教育の導入に利用できる教材を作成するという内容も含まれていました。メンターとなる学生が科学技術に関するコミュニケーション能力や実践的指導力を高めることで、指導者として成長することを期待したカリキュラムでした。

さて、2021年度開始の第3期宇宙教育プログラムは、「人文社会×宇宙」分野越境人材創造プログラムというもので、これまでの理科系中心の宇宙教育プログラムを人文社会の分野にも広げるとともに、教育学の手法を取り入れて、宇宙を題材にした中高生向けの教育教材やカリキュラムを開発し実践できる大学院生・大学生を育成することを目的としています。自分が学んだ知識や学びの楽しさを、他の人に余すことなく伝える力を養成することで、深い学びを得ることができます。宇宙を切り口にした理科教育を実際の教育現場に反映していくために、指導を希望する誰もがそれぞれの教育環境で利用できるよう本にまとめました。本書には、宇宙開発の最先端で活躍する研究者・技術者たちの智慧が詰まっています。本書の内容を深く理解することで、これからの時代を生き抜く上で必要な力が自ずと培われると思います。皆様に幅広くお読みいただければ幸いです。

「教育は夢をかなえる手段」です。開発したプログラムに参加した生徒たちが、チームとしてプログラムが求める任務を完了することの楽しさや達成感を得ることによって、自発的に勉強してくれたらと思います。東京理科大学は、中学や高校の理数系教員免許を取る学生が毎年300名弱おり、そのうち100名程度が教職についています。宇宙を切り口としたこの理科教育プログラムで学んだことを、それぞれの生徒たちが自己実現に役立てていくことが、東京理科大学の建学の精神である「理学の普及を以って国運発展の基礎とする」を具現化していることなのです。この理科教育プログラムが、科学技術立国の日本を支える教育者、宇宙分野の研究・開発や産業に従事する人財を育成していく一助となることを信じてやみません。

目次

序章　宇宙教育プログラムについて

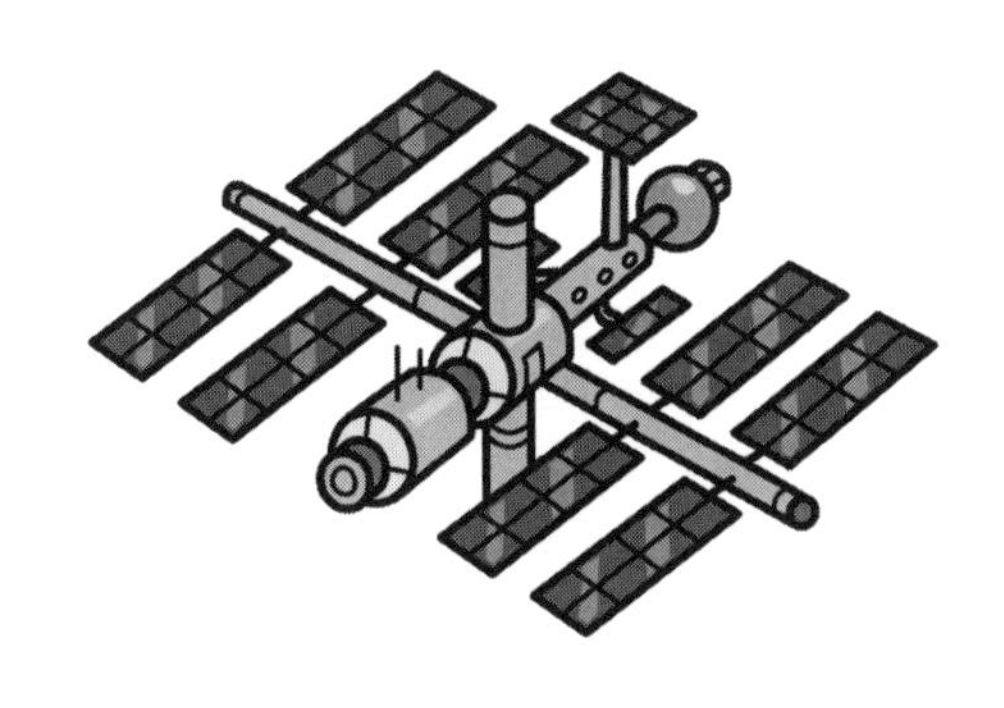

２０２０年、新型コロナウィルスの影響をうけ、世界中が先行きの見えない状況に直面することとなりました。既存の枠組み、常識やルールに従って生きるだけでは乗り切ることのできない、きわめて高度な問題に全人類が向き合わねばならなくなったのです。こうした状況下で求められるのは、言われたことを言われた通りに行う力ではないはずです。誰も解いたことのない問題に対して、自らの頭で考え、判断し、行動する力こそが求められているといえるでしょう。

では、そうした時代の荒波を乗りこなす力はどのようにして育むことができるでしょうか。近視眼的な視点ではなく、１００年後、１０００年後を見据えた教育の構想。そのありようを考えるためのヒントは意外な人たちがもっているかもしれません。

宇宙開発の第一線で活躍している研究者・技術者たちです。

東京理科大学は２０１５年度より「宇宙教育プログラム」の開発をスタートさせ、２０２０年度まで6年にわたって、大学生・高校生を対象として講座を実施してきました。宇宙教育プログラムの特徴は受講者が宇宙開発の第一線で活躍する研究者・技術者から最先端の知識や考え方を直接学ぶことができる点にあります。受講者は、アクティブラーニング型の授業を体験するなかで実践的に知識や技能を磨いてゆき、手加減抜きの「ホンモノの教育」を受けます。次代の宇宙開発を担う人材の育成を目指した本プログラムは各界から注目を集めてきました。

そして２０２１年度からはプログラムの対象者を中高生に広げ、「宇宙」と「教育学」を掛け合わせた探究型の教育プログラム開発がスタートしました。「宇宙教育プログラム　２・０」の幕あけです。本プログラムは、文系・理系の枠を超え、これからの時代に求められる資質・能力を子どもたちが楽しみながら身につけられるよう設計されています。宇宙教育プログラムにおいて子どもたちのうちに育もうとしている力は、正解のない時代においてこそ発揮されます。

ところで「宇宙開発を目指しているわけでもない中高生が宇宙について学んで何の意味があるのか?」と疑問に思った方もいるのではないでしょうか。この問いに答えるために、まずは宇宙教育プログラムで採用している独自の方法論を紹介したいと思います。本プログラムの開発にあたっては、「ベストキッド方式」と呼ぶことのできる独特の方法をベースにしています。『ベストキッド』は1984年公開の映画で、ご存知の方も多いのではないでしょうか。主人公はいじめられっ子の少年ダニエル。物語の中で彼は空手の達人に弟子入りし、修行を重ねるなかで成長してゆきます。なんといっても面白いのは、修行の場面。ダニエルが師匠から与えられる課題は、ワックスがけやペンキ塗りなど雑用ばかり。いったいこれが空手と何の関係があるのかとダニエルは不満を抱きます。けれども、気がつけば一見雑用にもみえた作業を通じて見事に空手の型が身についていたのでした。

宇宙教育プログラムで提示されるさまざまな課題は、『ベストキッド』におけるワックスがけのようなものだといえます。一見したところ万人に必要とは思えない宇宙の課題に取り組むなかで、結果的・事後的にこれからの社会を生き抜くための力が身についてしまうのです。

宇宙開発において1つのプロジェクトを達成するためには立案・開発・運用・解析の4つのフェーズでさまざまな課題に取り組む必要があります。可能な限り想定外を減らすべく、数限りないシミュレーションが行われ、目標実現のための徹底したスケジュール管理・リスク管理が求められます。宇宙開発においては、うまくいかないことが常。逆境にしなやかに対応する力（レジリエンス）も不可欠です。また、チームが互いの良さを引き出しあい、相乗効果を生み出すためにはコミュニケーション力も重要です。さらに、高い目標を掲げ、メンバー全員が当事者意識をもってプロジェクトに参加する必要があり、研究成果をわかりやすく噛み砕いて多くの人々に伝えるためのプレゼンテーション力も必須といえます。宇宙開発という壮大なプロジェクトに参加するためには、じつに高度で複合的な力が求められるのです。

「宇宙教育プログラム　2・0」の設計にあたって、最初に行ったのがわが国の宇宙開発を牽引している20名の研究者・技術者へのインタビューでした。インタビューへの協力を仰いだのは、東京理科大学、東京大学、北海道大学、神戸大学、慶應義塾大学に所属する大学教員をはじめ、JAXAなど宇宙開発の最前線で活躍している研究者・技術者たち。若手からベテランまで幅広いキャリアの方々に教育学者の井藤元がひたすら話を聞いて回りました。

宇宙開発に携わる研究者・技術者は、日々どのようなことを心がけて課題解決を行っているのでしょうか。インタビューを通じて、宇宙開発に関わる者に求められる資質・能力の因数分解を試みました。膨大な時間をかけてインタビューを行うなかで、書籍などでこそ体系的にはまとめられていないものの、宇宙開発の分野で先輩から後輩、あるいは上司から部下へと代々受け継がれてきた基本姿勢、ものの見方・考え方が浮き彫りになってきました。宇宙開発のプロが共有している「集合知」が浮かび上がってきたのです。

そして、インタビューを通じて抽出された要素を7つのカテゴリー（「基本姿勢」「立案フェーズでの心構え」「開発フェーズでの心構え」「運用フェーズでの心構え」「解析フェーズでの心構え」「チームづくりにおける心構え」「リーダーに求められる心構え」）に分け、全70項目にまとめました（各項目の具体的な内容については本書で紹介しています）。項目を確定したうえで「宇宙教育プログラム指導要領」を作成し、70の心構えを身につけるためのカリキュラム開発がスタートしました。最新の教育学の理論や方法を援用しつつ、受講者が楽しみながら学べるワークの開発が始まったのです。

宇宙教育プログラムでは、大学生・大学院生が主に中高生を対象とした宇宙教育教材の開発を行います。ここで開発された教材に取り組むことで、生徒たちが本書に記されている内容項目を自然に身につけられるような仕掛けが施されています。

本プログラムの受講者のなかで、将来、直接的に宇宙開発に関わる生徒の数は決して多くないかもしれません。だから、宇宙開発に関わるさまざまなフェーズで求められる能力を磨くことにどれほどの汎用性があるのかと疑問を抱く方も多いかと思います。けれども、宇宙開発に臨む際に求められる心構えを身につけてゆくと、知らず知らずのうちに（事後的・結果的に）学習指導要領に記載されているような資質・能力が体得されてしまうのです。

思いがけない2つのものが掛け合わされたとき、誰も予期していなかった新しい世界が立ち現れてくることがあります。「宇宙」と「教育」も、そんな創造的な出会いの1つといえます。「宇宙」と

「教育」が組み合わされるとき、どのような地平が切り拓かれるのでしょうか。教育の新たな可能性と出会うための第一歩を踏み出すことにしましょう。

第1章　宇宙教育プログラム　70の心構え

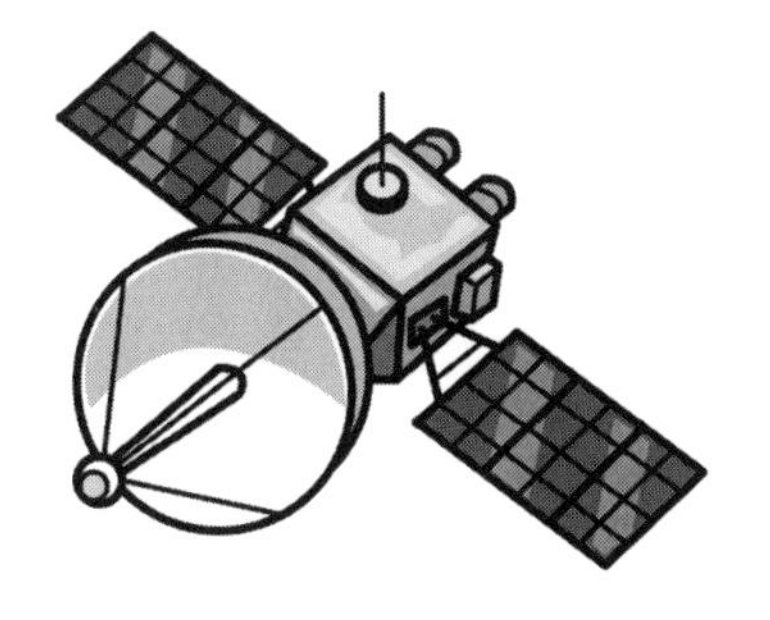

宇宙開発に関わっている研究者・技術者は、日々、どのようなことを心がけているのでしょうか。ここでは、宇宙開発のプロが日常的に心がけていることを７つのカテゴリー（「基本姿勢」「立案フェーズでの心構え」「開発フェーズでの心構え」「運用フェーズでの心構え」「解析フェーズでの心構え」「チームづくりにおける心構え」「リーダーに求められる心構え」）に分け、合計70項目にまとめました。ここで紹介する項目は、宇宙開発の第一線で活躍している20名の研究者・技術者へのインタビューをもとに作成されています。

宇宙教育プログラム指導要領　70の心構え

【基本姿勢】

1　マテリアルな利益にのみ向かうべからず。１００年後、１０００年後を見据える。
2　本物についていくと、自分も本物になってゆくことができる。本物から学ぶ。
3　井戸の外に出てみる。井戸の中では戦わない。宇宙という人類共通の敵と戦う。
4　人は完璧ではない。間違いを犯す。たとえひとりが間違えたとしても、全体として正しい方向が目指せるように心がける。
5　興味の幅を広げる。好奇心をもってアンテナを張り続ける。
6　越境していく勇気をもつ。
7　異なる分野間で生じる「摩擦」が創造性を生み出す。異分野と積極的にコラボレーションをはかる。異分野とのコラボレーションのためには、まずは自らの専門分野について深く掘り下げて学ぶ必要がある。

8 知識はツールとしてもつべきであって、拘束としてもつべきではない。

9 プロジェクトメンバーでカバーしきれない問題が起きた場合、その道の専門家を探す。

10 悲観的になりすぎると物事が進まない。結果、面白いことはできない。

11 数多くの実体験を積む（物理学には実体験のストックが必要）。

12 自分の頭で物事を考える。

13 プロジェクトに対して当事者意識をもつ。

14 自分にとっての当たり前が他人にとっても当たり前とは限らない。ゆえに絶えず価値観・考え方のすり合わせを行う。

15 スケジュール通り進まないことは常。何度もスケジュールを見直す。

16 アイディアを寝かせる時間（熟成期間）を設ける。

17 ドキュメンテーションの必要性。従軍記者（議論の過程を記録する人）を置く。意思決定のプロセスを必ず記録に残す。

18 物理学や数学の知識はもちろん重要。くわえて国語力も磨くべし。

19 失敗するのが常。成功のほうが稀。失敗を受け入れることが重要。

20 失敗は許されない。想定外をなくす努力をする。Think ahead。

21　失敗はない。すべてが学びのプロセス。実験結果そのものよりも過程から学ぶべし。

22　失敗させないよう周りが手助けするのは逆効果。責任感の欠如を招く恐れあり。失敗も含めて自分で責任をとる経験が必要。

23　出来合いのプログラムを使用するだけでなく、プログラムの原理を理解しようと努める。

24　謙虚な姿勢が必要。宇宙に向き合っていくと人は自然に対して謙虚にならざるをえない。

25　われわれは先が見通せていないと努力することができない。何に向かって努力すればよいかを明確化する。

26　木を見て森も見る。

【立案】

27　面白いと思ったらやってみる（最初の段階では、実現可能性は考えなくてもよい）。

28　課題に対してしつこく取り組む。質は問わず提案し続ける。突拍子もない発想も含めて数多くのアイディアを出す。

29　文献研究を行う（先行研究のレビュー）。すでに何ができていて、何がわかっていないのか、事前調査を行う。

30　先行研究を鵜呑みにしない。

31　過去の事例をもとにコスト見積もりを行う。

32　競争相手の開発段階をおさえる。
33　最上位の要求を明確に定義し、目標設定を単一に定める。
34　全体像（地図）をもとに個別事項を理解する。
35　目標に優先順位をつける。
36　目標を達成するための理路を明確に提示する。できるだけ具体的な計画を立てる。大目標を達成するための小目標を詳細に打ち立てる。マイルストーンの設定。それぞれの人が、それぞれの専門に基づいて大目標を実現するための小目標をクリアしていく。
37　問いを立て、一番の難所を見抜く。
38　目標に対する成果を3段階（ミニマムサクセス、ミドルサクセス、フルサクセス）で設定する。
39　必ずバックアッププランを用意する。
40　立案段階で運用・解析フェーズの見通しを立てる。
41　拘束条件の中で、実現可能な解を見つける。
42　自分の身の丈を知る（自分にできること・できないことを明確化する）。
43　自分がやりたいこととチームとしてやるべきことは一致しない可能性は高い。チームで折り合いをつける。

【開発】

44　開発段階での急な設計変更は設計の過誤と品質低下を招きやすい。開発段階での設計変更は避ける。

45　スケジュールが遅延するとチームのモチベーションが下がる。スケジュールをできる限り守る。

46　妥協も必要。

47　捨てる勇気をもつ。あれもこれもは不可能。トレードオフが生じた場合、ともかくも対話を重ねる。

48　見たくないものを見る勇気。見たくないものは見えなくなる。バイアスがかかっていないか、絶えず批判的思考を繰り返す。

49　宇宙開発においては「運」もある。どこかで割り切らなければならない。思い切りも必要。人事を尽くして天命を待つ。「運」をつかむためには経験と知識が必要。

【運用】

50　憶測ではなく、正確に事象を捉える。想像力が必要。

51　スムーズな運用のためには入念なリハーサルが必要。

【解析】

52　当初の目的が果たせているかを検証する（ミニマムサクセス、ミドルサクセス、フルサクセス)。

53 データを生で見る。立案段階の仮説にとらわれず、さまざまな角度からデータを分析する。

54 想定外の結果が出ても嘆く必要はない。そこから新たな発見が得られる可能性がある。

55 成果を発表するためのプレゼンテーション力が重要。難しい内容をわかりやすく噛み砕いて伝えることも必要。誇張と省略。

【チームづくり】

56 ミッションサクセスという大きな目標がチームをまとめる。大目標を各メンバーが共有していれば、組織はまとまる。

57 チームのメンバーの関心事に興味をもつ。互いのバックグラウンドに敬意を払う。相手の立場を想像する。

58 物理的に場を共有し、face to faceでコミュニケーションをとる。

59 リーダーとリスク管理をする人間を分ける。

60 どうしても合わない人がいる場合は、できるだけ接点をもたないように物理的に作業を離す。

61 問題をひとりで抱え込まない。

62 適度な貧乏が創造性を生む。

63 フリーライダーに責任をもたせる。

【リーダー論】

64　ミッションは人である。強力にグループを引っ張っていく存在が必要。
65　リーダーは誠実であれ。高潔さ（Integrity）が必要。
66　責任をとる決断を下し、任せるところはメンバーに任せる。コアメンバーとの信頼関係を築く。
67　トップの熱量は周囲に伝播する。
68　リーダーには聞く力・包容力が必要。自分と異なるアイディアを尊重し、メンバーが自由に発言できる雰囲気をつくる。
69　リーダーには調整が求められる。落穂拾い。分担の隙間を埋め合わせる。必要に応じて謝ることができるのが良いリーダー。
70　外に向かって発信する力が必要。

11ページから17ページをご覧ください。内容が多岐にわたっていることがわかるでしょう。研究者・技術者が研究・開発を行う際には、長年の経験を通じてこれらの要素を頭のどこかで意識しています。宇宙開発に臨むうえでは、ここに記されているような非常に多くのことを心がける必要があるのです。

項目のタイトルだけみると、謎めいたものもあるかもしれません。ここでは、あえて各項目を抽象的に定式化しています。また項目同士を見比べてみたとき、一見矛盾しているかのように感じられるものもあります。たとえば、「基本姿勢」の項目19「失敗するのが常。成功のほうが稀。失敗を受け入れることが重要」と項目20「失敗は許されない。想定外をなくす努力をする。Think ahead」と並べてみると、「失敗が常」と言っておきながら「失敗は許されない」と書かれているので、どちらが正しいのかと疑問に思われる方もおられるでしょう。けれども、この2項目はどちらも間違いではありません。正確にいえば、その都度の状況に応じて最適な項目を選び取っていくことが必要なのです。

以下、ひとつひとつの項目について、詳しく解説を行いたいと思います。

もちろん、ここに書かれていることをすぐに実践するのは難しいでしょう。重要なのは、ここに書かれた内容をまずは意識してみることです。宇宙教育プログラムで実践していくさまざまな教材に取り組むなかで、ここに記載した70の項目の重要性が自然と明らかになるでしょう。

第1節　基本姿勢

まずは、宇宙開発に携わる者に求められる「基本姿勢」についてみていきましょう。宇宙という広大なテーマと向き合うためにはどのような姿勢が求められるのでしょうか。ここでは宇宙教育プログラムを通じて受講者に身につけてほしい基本的なマインドセットを整理しました。

1　マテリアルな利益にのみ向かうべからず。１００年後、１０００年後を見据える。

宇宙開発においてはマテリアル（物質的）な、目に見える成果が重視されます。巨額の予算を投じて宇宙開発が行われるわけですから、当然、成果が求められるのです。ゆえに、宇宙開発の現場では「１００円投資して１２０円のリターンがあれば成功」という発想が根強く存在しているのも事実です。けれども、宇宙開発における成果とは単なる物質的な次元にのみとどまらないところがその大きな魅力といえるでしょう。すぐに成果が現れるわけではないけれども、物質的な利益には換算できない**「精神的な恩恵」**を人類にもたらす点において、宇宙開発の役割は大きいといえます。井の中の蛙だった人類が人工衛星や有人宇宙飛行などを通じて宇宙へと視野を広げることで、世界の景色はガラリと変わりました。世界観（パラダイム）の劇的変化へと人類を導く点にこそ、宇宙開発の本当の意義があるといえます。もちろん、それは一朝一夕に果たされることではありません。宇宙開発には、１００年後、１０００年後を見据えた長期的な展望のもとで世界を捉えるセンスが必要なのです。

2　本物についていくと、自分も本物になってゆくことができる。本物から学ぶ。

宇宙教育プログラムでは**本物との出会い**を大切にしています。本物には、その存在に触れただけで学習者を成長へと導く不思議な力が宿っています。本物ははるかな高みにいながら、初学者に対して当該世界の魅力や奥深さを語ってくれます。

本物は物事をどのように捉え、どのように世界の謎に向き合っているのか。その思考様式に触れ、時間を共有し、彼らから身体全体で学ぶ（模倣する）過程で、気がつけば、学習者のうちに本物の考え方や価値観が育まれていることでしょう。

3 井戸の外に出てみる。井戸の中では戦わない。宇宙という人類共通の敵と戦う。

宇宙開発に関わるということは、自然の脅威、地球温暖化、パンデミックといった人類共通の敵と向き合うことにほかなりません。そのためには狭い視野を捨て去り、広大な視座のもとで世界を捉える姿勢がきわめて重要となります。味方同士（人間同士）で争っている場合ではないのです。宇宙に向き合うためには、今いる世界の一歩外に出てみることが必要ですが、それにより、世界の見え方はガラリと変わるはずです。宇宙から地球を見つめることは、**地球という名の井戸の外に出て**マクロな次元から世界を捉えるための貴重なレッスンとなります。

4　人は完璧ではない。間違いを犯す。たとえひとりが間違えたとしても、全体として正しい方向が目指せるように心がける。

この世に完璧な人間はいません。誰でも間違いを犯します。特に宇宙開発のような長期にわたる壮大で複雑なプロジェクトの場合は、**ひとつも失敗を犯さずにプロジェクトを完遂することは不可能と**いってよいでしょう。ゆえにプロジェクトを進める際には、人が間違いを起こさないよう、隙のない計画を立てるのではなく、「人は間違いを犯す」という前提のもとで開発を進めることが重要です。たとえAさんがミスを犯したとしても、そのミスにBさんが気づき、修正を施すことのできるシステムづくりを用意しておくことが肝要なのです。これを**リダンダンシー（redundancy）**と呼びます。この用語は「冗長性」と訳され、リスク管理を行ううえで、きわめて重要な考え方といえます。必要最低限のものだけでなく、余剰を用意しておき、あえて「あそび」をつくることで、不測の事態に備えておくのです。

5　興味の幅を広げる。好奇心をもってアンテナを張り続ける。

新たなアイディアを生み出すためにはつねに興味の幅を広げ、多くの知見を獲得していこうとする前向きな姿勢が求められます。世界のどこにヒントが転がっているかはわからないからです。宇宙という広大なテーマに取り組む際には、自然科学に関する知識のみならず、人文科学・社会科学に関する知識にも目を向け、視野を広げることが必要となります。多ジャンルの知にアクセスすることで思考の幅を広げることにもつながるでしょう。

6　越境していく勇気をもつ。

宇宙開発にはじつにさまざまな領域の専門知が必要となります。ゆえに、異なる分野の研究者・技術者が連携して研究開発を進めてゆくケースも多々存在しています。時には勇気をもってアウェーに乗り込み、慣れない環境に身を置いてみましょう。慣れ親しんだ環境（ホーム）を離れるには勇気が必要ですが、一見すると宇宙開発とはまったく関連のない世界に豊かなヒントが内在している可能性もあるのです。「自分とは異なる発想の人たちが存在している」ということに気づくことは、多様な考えを受け入れるセンスを育むこと（他者理解）にもつながってゆくでしょう。

7　異なる分野間で生じる「摩擦」が創造性を生み出す。異分野と積極的にコラボレーションをはかる。異分野とのコラボレーションのためには、まずは自らの専門分野について深く掘り下げて学ぶ必要がある。

異なる分野の人々と接する際にはしばしば「摩擦」が生まれます。バックグラウンドが異なり研究のアプローチも異なるわけですから、それは当然のことといえます。価値観や考え方が異なる者同士の対話には時に大きな負荷がかかります。けれども、そこで生じる「摩擦」は決してネガティブなものではなく、創造性の源泉と捉えられるべきです。「摩擦」から逃げず、そこに踏みとどまり、問題解決に向けて異分野間の議論を重ねる過程で、新たなアイディアが生み出される可能性があります。ただし、「摩擦」をクリエイティヴィティへと飛躍させるためには、その前提として、自らの専門分野について深く学んでおくことが不可欠です。互いに浅いレベルで議論をたたかわせていても、化学反応は生じません。自らが深いレベルまで専門知を掘り下げておけば、異分野の人々と深層でつながることができるのです。

8　知識はツールとしてもつべきであって、拘束としてもつべきではない。

「基本姿勢」の項目7とも関連しますが、宇宙開発に関わる者にとって、広くて深い専門知をもつことが重要です。知識がなければ宇宙という強大な敵と向き合うことなどできないからです。けれども、知識を増やしてゆくことで、かえってその知識が邪魔をして、豊かな発想の創出を妨げるケースもあります。知識をもつことが「そんなことはできるわけがない」「そんなことがあるわけがない」といった先入観や固定観念の形成につながる事態は避けねばなりません。つまり、自らを縛る足かせとして知識を保有するべきではないのです。知識はあくまでも問題解決のための道具（ツール）としてもつことが重要なのです。

9　プロジェクトメンバーでカバーしきれない問題が起きた場合、その道の専門家を探す。

宇宙開発の現場では、高度な知識・技能が求められるため、場合によってはチームのメンバーだけでは解決できない問題に遭遇する可能性もあります。他分野の専門性が必要な問題については、チーム内でいくら議論をしても答えが導き出せない場合があるのです。「下手な考え休むに似たり」ということわざの通り、チーム内で悩んでも解決できそうにない場合は、問題解決のためのヒントを与えてくれそうなその道の専門家を探し出し、助言をもらうことが得策というケースもあります。

10　悲観的になりすぎると物事が進まない。結果、面白いことはできない。

「基本姿勢」の項目20に示した通り、宇宙開発においては失敗が許されないため、石橋を叩いて渡ることは重要です。けれども、「うまくいかなかったらどうしよう」と悲観的になりすぎるのは厳禁です。イノベーションを起こすためには悲観的な態度が邪魔になる場合もあるからです。面白いと思ったことに勇気をもって取り組む姿勢を保ち続けましょう。悲観主義に陥ることを戒め、「面白そう！」と感じた初発の思いを大切に育むことが何より重要なのです。

11　数多くの実体験を積む（物理学には実体験のストックが必要）。

「物理学」と聞くと「難解で抽象的な数式と向き合う学問」というイメージをもっている人が多いのではないでしょうか。非常に高度で抽象度が高いため、物理学は身体性とはあまり縁のない世界のように感じられるかもしれません。けれども、意外に思われるかもしれませんが、物理学のセンスを磨くためには**実体験のストック**が必要なのです。たとえば、人とぶつかって転んだ経験、ジェットコースターや飛行機に乗った経験、高いところから飛び降りた経験などなど、数多くの実体験を積んでおくことが抽象的な数式と向き合う際の財産となります。ある研究者は「物理学は身体で解くもの」とさえ述べています。

12 自分の頭で物事を考える。

宇宙開発に臨む者にとって、物事を自分の頭で考える習慣を身につけることは不可欠です。他人の考えに学ぶ姿勢はもちろん重要ですが、何よりもまず、「**私ならばこの問題にどう取り組むか**」という問いを起点にすることが大切です。このことは、次に紹介する「基本姿勢」の項目13とも深く関連します。常日頃から自分で考えるクセをつけることが、ひいては正解のない時代を生き抜く力を育むことにもつながるでしょう。

13 プロジェクトに対して当事者意識をもつ。

チームのメンバー全員が当該プロジェクトに対して「当事者意識をもっているかどうか」。この点は、プロジェクトの成否を分かつ重要なポイントといえます。各メンバーがほかならぬ「**私がやるべきプロジェクト**」だと思えていなければ、プロジェクトの士気は下がってしまいます。他人任せの人だらけのチームでは、チームのポテンシャルは発揮できないのです。では、当事者意識をもつためには何が必要なのでしょうか。この問いには「立案フェーズ」における項目33「最上位の要求を明確に定義し、目標設定を単一に定める」が密接に関連しています。後述の通り、プロジェクトの大目標を明確にし、各々の役割を明確化することで、チームのメンバーの当事者意識が高まってゆきます。また、チームのメンバー全員が当事者意識をもつことによりチームの結束も強まります（「チームづくり」項目56）。

14　自分にとっての当たり前が他人にとっても当たり前とは限らない。ゆえに絶えず価値観・考え方のすり合わせを行う。

宇宙開発においては、多様なバックグラウンドをもった人々がチームを形成し、共同開発を行う場面が多々あります。そうした場合、自分にとって当たり前の価値観や考え方が他のメンバーにとっても当たり前とは限らないという事態が起こりえます。自分の専門領域に固執せず、自らのバックグラウンドにとらわれないことが重要です。自分とは異なる発想の人の意見を積極的に聞く姿勢をもちましょう。プロジェクトを進める際には、チームのメンバー同士の価値観・考え方を互いに理解し、前提を共有したうえで議論を進める必要があります。この点は「チームづくり」項目57とも深く関連します。

15　スケジュール通り進まないことは常。何度もスケジュールを見直す。

宇宙開発には時間がかかります。数年、場合によっては数十年かかるプロジェクトも存在するため、当初のスケジュール通りに物事が進まないことのほうが常といえます。現実的な状況をふまえて、スケジュールは絶えず見直し、修正を加えながら前進することが求められます。スケジュールが遅れてしまったとき、すぐに修正することが必要なのです。

16　アイディアを寝かせる時間（熟成期間）を設ける。

あるプロジェクトに取り組む際、もし可能ならば、数日間、場合によっては数週間アイディアを寝かせる期間を設けておくとよいでしょう。もちろん、スケジュール的にそうした「空白の時間」を確保することが難しいケースも多いかもしれません。けれども、熟成期間を設けることで、新たな発想が沸いてきたり、アイディアの不備が浮き彫りになったりすることがあります。熟成期間を確保した余裕のあるスケジューリングをすることが理想といえます。

17　ドキュメンテーションの必要性。従軍記者（議論の過程を記録する人）を置く。意思決定のプロセスを必ず記録に残す。

議論のプロセスを詳細に記録することはとても重要です。ある議論がどのようなプロセスを経て結論に至ったのか、その途中経過をテキスト化すること（ドキュメンテーション）で、プロジェクトチームの思考の流れを保存することが可能になるからです。余裕があれば、**従軍記者**を置くことがおすすめです。従軍記者とは、議論の記録係。客観的な視点で議論の流れを冷静に記述することで偏りのない記録を残すことができます。一見面倒なことのようにも感じられますが、トラブルが発生した際には文書を確認することで、議論の方向性の誤りに気づくことができます。また、蓄積されたドキュメンテーションは、将来的にそのプロジェクトを振り返る際の財産になるでしょう。

18　物理学や数学の知識はもちろん重要。くわえて国語力も磨くべし。

宇宙開発に臨む者には物理学や数学の基礎的知識は不可欠です。これらを身につけることなくして、宇宙という名の発展問題に取り組むことはできません。ただし、物理学や数学の知識さえあれば十分というわけではなく、同時に国語力も求められます。企画書や報告書を記す際には文章力が不可欠ですし、他者の主張を正確に読み取る読解力も必要です。また、「解析フェーズ」項目55および「リーダー論」項目70にも関連しますが、プレゼンテーション力も必須といえます。いずれにしても、宇宙開発に携わる者は折に触れて言語センスが問われるのです。

19 失敗するのが常。成功のほうが稀。失敗を受け入れることが重要。

宇宙開発の過程では、**失敗は常**。うまくいくことのほうが稀という状況が続きます。前人未到の境地を目指しているわけですから、それも当然といえます。計画通り、何事もなく物事が進むことは期待できないのです。だからこそ、そこでは失敗を受け入れ、何度も立ち上がって前を向いて歩み続ける力（逆境に対ししなやかに対応する力＝レジリエンス）が求められることになります。「失敗したときにどうふるまえるか」、その芯の強さこそが問われるのです。重要なのは逆境に対してひとりで立ち向かうのではなく、チームで対峙するという姿勢です。チームのメンバーの助けがあれば、失敗や挫折によって生じるストレスへの耐性は高まるでしょう。

20 失敗は許されない。想定外をなくす努力をする。Think ahead。

宇宙開発には何億、何十億という膨大な開発費が投じられています。また、有人ミッションの場合、人命を左右することになるため、失敗の許されない極限状況の中でプロジェクトを進めなければなりません。ゆえに事前にありとあらゆる不測の事態を想定し、トラブルに備えて、それを回避する方法を用意しておく必要があるのです。数限りなくシミュレーションを行い、「起こりうる状況」「ありうる状況」をあらい出す姿勢、**Think ahead（前もって考える）の精神**が不可欠になります。

21 失敗はない。すべてが学びのプロセス。実験結果そのものよりも過程から学ぶべし。

「基本姿勢」項目19において、失敗は常であると述べましたが、そもそも「失敗はない」という考え方も重要です。「失敗は成功のもと」ということわざもある通り、失敗を成功のために必要なステップとみる姿勢が必要となるのです。**この世に「失敗」はなく、すべてが「学びのプロセス」と捉えられるべき**なのです。失敗を文字通り「失敗」として受け取るか、学びのプロセスとして捉えるかによって、両者の間にはその後の展開において天と地ほどの差が生まれます。失敗をポジティブに捉える後者のようなマインドセットが次なるプロジェクトに向けた原動力となるのです。

22　失敗させないよう周りが手助けするのは逆効果。責任感の欠如を招く恐れあり。失敗も含めて自分で責任をとる経験が必要。

私たちの中には誰しも失敗を避けたいという思いがあります。積極的に「失敗したい」と考えている人はいないでしょう。プロジェクトをチームで進める場合、失敗を避けるべく、先回りして他者に口出しをしてしまうケースがあります。けれどもそれは長期的にみた場合、得策といえないかもしれません。周りが手助けを行うことで、当人の責任感の欠如（「どうせ失敗しても何とかなるだろう・何とかしてもらえるだろう」）を招く恐れがあるからです。私たちは、**できるだけプロジェクトの規模が小さいうちに失敗を経験しておくことが重要**です。失敗を経験しないままやり過ごしてしまった場合、大きなプロジェクトで取り返しのつかないミスを犯してしまう危険性もあるからです。

23　出来合いのプログラムを使用するだけでなく、プログラムの原理を理解しようと努める。

現在、誰でも使える出来合いのプログラムが広く流通しており、その根本原理を理解していなくても当該プログラムを使用することはできてしまいます。出来合いのプログラムは、その構造を理解せずとも、すぐに活用できるため非常に便利です。けれども、宇宙開発に臨む者には、そもそもの原理

（どういう仕組みでこのプログラムが設計されているのか）を問う姿勢が不可欠といえます。「そもそも論」に立ち返って思考するセンスが確かな思考力を育むのです。

24　謙虚な姿勢が必要。宇宙に向き合っていくと人は自然に対して謙虚にならざるをえない。

宇宙という途方もない敵と向き合う者に求められるのは、謙虚な姿勢です。宇宙はあまりにも巨大なので、それを完全に人間の支配下に置くことは不可能といえます。「謙虚な姿勢をもつべし」と言われると、多くの人にとっては説教くさく感じられるかもしれません。けれども、「宇宙（自然）に対して謙虚であること」が徳目として掲げられているというよりは、宇宙開発に臨む際には、宇宙（自然）に対して**謙虚にならざるをえない**といったほうが実情に近いでしょう。宇宙開発に関わるなかで、人間の有限性と向き合うことで自然に対する畏敬の念が自ずと育まれてゆくのです。

25　われわれは先が見通せていないと努力することができない。何に向かって努力すればよいかを明確化する。

われわれ人間は、先が見通せていない状況下では、どうしてもモチベーションを維持することができません。将来何の役に立つかわからない教科の勉強にやる気が出ないのと同様、どこに向かってプロジェクトが進んでいるのか、先のビジョンが明確でなければ、がんばる意欲が湧いてこないのは当然といえるでしょう。だからこそ、進むべき道をクリアにすることは、チームの士気を高めるうえできわめて重要なのです。特にリーダーはそのことを肝に銘じておく必要があります。リーダーはプロジェクトの向かう先を明確にし、「目標達成に向けて確実に前進している」と各メンバーが実感できる状態にすることが求められます。

26　木を見て森も見る。

周知の通り、「木を見て森を見ず」は、「物事の一部分や細部に気を取られて、全体を見失うこと」を意味することわざです。瑣末な点にばかり目を向け、大局を捉え損ねることはあってはならないことです。けれども、宇宙開発に携わる者には、もう1段階レベルの高い姿勢が求められます。「**木を**

見て森も見る」ことが必要となるのです。全体を俯瞰で捉えることと、細部に目を配ることを同時に行うことが不可欠なのです。いわば複眼的（マクロな視点とミクロな視点の同時成立）に物事を捉えられる視点。きわめて高度な視座といえますが、つねに心がけておきたいポイントです。

第2節　立案フェーズで心がけるべきこと

次に「立案フェーズで心がけるべきこと」について解説を行います。以下、詳しく説明を行いますが、宇宙開発における4つのフェーズ（立案・開発・運用・解析）のうち、「立案フェーズ」は特に重要です。「立案フェーズ」をおろそかにした状態ではプロジェクトを前に進めることは不可能といえます。

27　面白いと思ったらやってみる（最初の段階では、実現可能性は考えなくてもよい）。

立案フェーズで大切なこと、それは「面白いと思ったらやってみること」です。そのアイディアが実現可能かどうかはいったん脇へ置いておき、まずは自分が面白いと思ったこと＝興味のタネを大切に育てることが重要といえます。興味のタネはその都度ノートなどに書き留めておくとよいでしょう。

28 課題に対してしつこく取り組む。質は問わず提案し続ける。突拍子もない発想も含めて数多くのアイディアを出す。

立案フェーズで重要なのは、質より量。さまざまな角度から数多くのアイディアを並べてみることが大切です。「立案フェーズ」項目27とも関連しますが、最初の段階で実現可能性は考えなくてもよいです。一見突拍子もないと感じられるようなアイディアのタネが、イノベーションを生み出すトリガーとなる可能性もあります。

29 文献研究を行う（先行研究のレビュー）。すでに何ができていて、何がわかっていないのか、事前調査を行う。

宇宙開発に限らず、あらゆる研究活動において先行研究のレビューは重要です。これから取り組むテーマについて、何がどこまで明らかになっているのかを明確にしておくことが研究開発の第一歩となります。インターネットの論文検索エンジンなどを活用して、当該テーマに関する研究状況の把握に努めましょう。地道な作業ですが、先行研究のレビューなくして、研究活動は成立しないとさえいえます。

30　先行研究を鵜呑みにしない。

「立案フェーズ」項目29において、先行研究に対するレビューの必要性について解説しました。先行研究をおさえておくことの重要性はいくら強調してもしすぎることはないでしょう。けれども、同時に先行研究の結果を鵜呑みにしないことが大切です。先行研究に敬意を払いつつも、「先行研究の結果は本当に正しいのか」「先行研究が見落としている点はないか」と批判的に思考することが求められるのです。

31　過去の事例をもとにコスト見積もりを行う。

「立案フェーズ」においてコストの見積もりは不可欠です。何にいくらお金がかかるのか、おおよその見通しを立てるためには、過去の事例を参照することが近道となります。当該プロジェクトと同様のプロジェクトの見積書、請求書などを入手し、コストを予測しましょう。コスト見積もりが不十分な状態では、そもそも当該プロジェクトが実現可能かを判断することが難しくなってしまいます。

32　競争相手の開発段階をおさえる。

当該プロジェクトと同様の内容で研究開発を行っている競争相手がいる場合は、可能な限り、ライバルの開発段階を押さえておくことも重要です。競争相手に先を越されることはないか、アイディアが似ていないかなど、できる範囲で情報収集を行いましょう。

33　最上位の要求を明確に定義し、目標設定を単一に定める。

「立案フェーズ」で最も重要なのが、**最上位の要求を明確に定義し、目標設定を単一に定めること**です。最上位の目標が定まれば、そこに向かってチームをひとつにまとめることができます。目標が複数存在してしまうと、プロジェクトの方向性がブレてしまう可能性があり、場合によってはプロジェクトが開発途中で空中分解してしまう恐れもあります。最上位の要求は、より多くの人が共感することができ、多くの人が重要だと考えるものでなければなりません。「リーダー論」のカテゴリーで詳しく紹介しますが、リーダーはこの最上位の要求を誰よりも深く理解している必要があります。

34　全体像（地図）をもとに個別事項を理解する。

「立案フェーズ」では、プロジェクトの全体像を明確に示すことが重要です。「基本姿勢」の項目26とも関連しますが、プロジェクトにとっての「森」をクリアにしたうえで、個々の「木々」を把握するという方向性（全体から個別へ）を遵守することで、プロジェクトメンバーに確かな指針が与えられることになります。全体像（地図）が与えられていれば、道に迷うことなく、個々の作業に取り組むことができるのです。

35　目標に優先順位をつける。

ひとつのプロジェクトには、達成すべき目標が複数存在しているのが常です。それらすべての目標が達成できればベストなのですが、場合によってはいくつかの目標達成をあきらめざるをえない状況に陥ることもあります。そうした場合を見据え、あらかじめ目標に優先順位をつけておくことが重要です。「必ず達成すべき目標」「できれば達成したい目標」などといった具合に、重要度順に目標を並べてみるとよいでしょう。この点は後述の「開発フェーズ」項目47とも関連します。

36 目標を達成するための理路を明確に提示する。できるだけ具体的な計画を立てる。大目標を達成するための小目標を詳細に打ち立てる。マイルストーンの設定。それぞれの人が、それぞれの専門に基づいて大目標を実現するための小目標をクリアしていく。

大きな目標を達成するためには、それを達成するための確かな道筋（具体的な計画）を立てておく必要があります。大目標を一息に達成することは難しいので、小目標を詳細に打ち立て、スモールステップで近づいてゆくのです。**プロジェクトのマイルストーン（中間目標地点）を設定する**ことで、複雑な過程が整理され、円滑に計画を進めることができます。

37 問いを立て、一番の難所を見抜く。

「立案フェーズ」では、プロジェクトを進行してゆくうえでの最難関ポイントをあらかじめ見極めておく必要があります。そこさえ突破すれば、プロジェクトはうまくいくともいえる最大の山場を特定しておくことが重要です（ただし、そうしたポイントを見極めるためには知識と経験が必要です）。**最難関ポイント**を見極めたうえで、チームで力をあわせてその峠を越えるための策を練っていきましょう。もしも、最難関ポイントを突破する策が見出せなければ、計画自体の見直しが必要になってくるかもしれません。

38　目標に対する成果を3段階（ミニマムサクセス、ミドルサクセス、フルサクセス）で設定する。

プロジェクトの目標は3段階で設定しておくことが望ましいです。計画通りすべてうまくいった場合はフルサクセス。おおようまくいった場合はミドルサクセス。最低限の目標のみ達成した場合はミニマムサクセス。もちろん、フルサクセスに向けてプロジェクトを遂行してゆくわけですが、立案段階では、予定通りプロジェクトが進まなかった場合を想定し、あらかじめ3つのレベルの成果を設定しておくとよいでしょう。

39　必ずバックアッププランを用意する。

立案段階では、場合によっては目標達成に向けて複数の筋道を用意しておくことが望ましいです。プランAだけでなくプランB、プランCを立てておくということです。これを**バックアッププラン**と呼びます。バックアッププランを準備しておけば、開発の過程でたとえプランAが挫折しても、他のプランを試すことが可能となります。ひとつの計画がうまくいかなかった場合の保険を用意しておきましょう。

40 立案段階で運用・解析フェーズの見通しを立てる。

立案段階では、「開発フェーズ」の計画だけでなく、「運用フェーズ」および「解析フェーズ」における計画も練っておくことが必要です。最終的に、「限られた人しか運用できない状態」、あるいは「限られた人だけしかデータが解析できない状態」を招いてしまっては、せっかく収集した情報が「死せるデータの山」になってしまう可能性もあるからです。より多くの人が運用・解析に携わることができるよう、立案段階で計画を練っておくことが不可欠です。

41 拘束条件の中で、実現可能な解を見つける。

宇宙開発には膨大な予算が必要になります。けれども、当然ながら開発費は無限に使用できるわけではありません。また、期限が設けられているため、タイトなスケジュールの中でプロジェクトを進めてゆかねばなりません。その他、さまざまな拘束条件が存在するなかで、実現可能な解を見つけ出してゆくことが求められることになります。この点は「開発フェーズ」項目46、47とも深く関連します。

42 自分の身の丈を知る（自分にできること・できないことを明確化する）。

立案段階では、自分の身の丈を知っておくことも重要です。たとえ壮大な計画を立てたとしても、もしその計画が自分の実力に見合ったものでなければ、絵に描いた餅になってしまいます。今の自分にできることは何か。どこまでならできるのかを明確にすることが大切です。「**己を知ること**」（自己認識）が必要になってくるわけです。今の自分で頑張ってできる、少し上のレベルの目標を掲げるのがベスト。立案段階では適切な目標を設定することが求められます。

43　自分がやりたいこととチームとしてやるべきことは一致しない可能性は高い。チームで折り合いをつける。

宇宙開発におけるプロジェクトは規模が大きいため、自分ひとりの力で遂行することはできません。つまり、チームでプロジェクトを進めてゆくことが前提となるのですが、「自分がやりたいこと」と「チームがやるべきこと」が一致しないケースも存在します。そのため、立案段階ではチーム内で折り合いをつけることがきわめて重要となり、その場合は後述の「リーダー論」でみていく通り、プロジェクトリーダーの役割が大きくなります。プロジェクトの成功を第一に考え、時に妥協しながら、現実と折り合いをつけつつ前に進んでゆくことが必要となります。

第3節　開発フェーズで心がけるべきこと

次に「開発フェーズで心がけるべきこと」について解説を行います。「立案フェーズ」で打ち立てた計画に沿って研究開発を進める過程で、注意すべきポイントをみていくことにしましょう。

44　開発段階での急な設計変更は設計の過誤と品質低下を招きやすい。開発段階での設計変更は避ける。

開発段階で「欲を出す」ことは控えたほうがよいでしょう。開発段階において「もっとこうしたほうがいい」「もっと性能をよくしたい」と、立案段階で立てた設計を変更したいという感情が沸き起こってくることがあります。ただし、機能面・要求面で急に設計を変えてしまうと、コストやスケジュールが大きく変わってしまう可能性があり、結果的に設計の過誤と品質低下を招くことにつながってしまいます。また、急な設計変更により、「見落とし」が生じる危険性もあります。開発段階では淡々と計画を進めることが重要といえます。

45　スケジュールが遅延するとチームのモチベーションが下がる。スケジュールをできる限り守る。

宇宙開発において、スケジュールの管理は当然重要ですが、スケジュールの遅延は当該プロジェクトに対し大きな副作用をもたらします。**期日通りにプロジェクトが進行しなければ、チームのモチベーションが下がってしまう**のです。場合によっては「○○さんのせいでスケジュールが遅れている」といったように、遅延を招いているメンバーに対してネガティブな感情が生まれ、結果、チームの雰囲気が悪くなってしまうことがあります。開発が遅延しているときこそチームの関係性が問われ、日頃のチームづくりが大切になってくるのです（後述の「チームづくり」参照）。

46 妥協も必要。

研究開発の過程では「もっといい性能」「もっといい品質」を追求したい気持ちが湧いてくるのが常です。けれども、立案時に決めたレベルをクリアしていたら、それ以上のレベルは追求しないという判断も状況次第では求められます。つまり、場合によっては**妥協も必要**だということです。より良いものを追求する姿勢はもちろん大切ではありますが、それを追求するあまり、スケジュールの遅延や予算オーバーを招くことはあってはならないことです。一定の水準をクリアしていれば、期限を守ること、予算の範囲内で進めることのほうを優先すべきといえます。

47 捨てる勇気をもつ。あれもこれもは不可能。トレードオフが生じた場合、ともかくも対話を重ねる。

宇宙開発においてはしばしばトレードオフが生じます。トレードオフとは、何かを達成するためには別のものを犠牲にせざるをえない関係のこと。あれもこれも達成することはできないため、「**捨て**

る**勇気**」も必要になります。全員が納得する落とし所を見つけるのは困難ではありますが、チーム内で対話を重ね、何を優先させるべきか、徹底して議論を行うことが求められます。議論をまとめる際にはリーダーの役割もきわめて重要になります（「リーダー論」項目68、69参照）。

48　見たくないものを見る勇気。見たくないものは見えなくなる。バイアスがかかっていないか、絶えず批判的思考を繰り返す。

開発を進める過程では、当然、「うまくいってほしい」「成功してほしい」という願いが生じます。ただし、その思いが強くなりすぎると、アイディアの修正が必要になってくるようなデータが視界に入ってこなくなり、ニュートラルにものが見えなくなってしまう危険性があります。バイアスがかかった状態でプロジェクトを進めてしまうと、結果的に大きな失敗を招いてしまう恐れもあり、注意が必要です。必要に応じてプロジェクトのメ

ンバー以外の協力者にデータを見てもらうことにより、客観的な視点を確保することが大切です。

49　宇宙開発においては「運」もある。どこかで割り切らなければならない。思い切りも必要。人事を尽くして天命を待つ。「運」をつかむためには経験と知識が必要。

宇宙開発においては「**運**」の要素もたしかに存在しているといえます。「基本姿勢」の項目20で示した通り、第一線で活躍している研究者・技術者は日々、Think ahead の精神で、研究開発に取り組んでいるわけですが、それでも予期することのできない「想定外」に遭遇します。最終的に、プロジェクトの成否が「運」に左右されることもあるのです。人事を尽くして天命を待つ。最善の努力を尽くしたあとは、思い切りも必要です。ただし、**運をつかむためには経験と知識が必要**で、地道な準備が求められるのです。

第4節　運用フェーズで心がけるべきこと

次に「運用フェーズで心がけるべきこと」について解説を行います。「運用フェーズ」で心がけるべきは次の2項目です。

50　憶測ではなく、正確に事象を捉える。想像力が必要。

「運用フェーズ」では、事象を正確に捉えることが重要です。運用段階で何かトラブルが生じた場合、何が起こっているのかを**憶測で判断するのではなく**、ともかくもひとつひとつ状況を確認し、事態の全体像を捉えてゆくことが大切です。宇宙空間に打ち上げられた対象の場合、実際に目で見て問題箇所を確認することはできません。手元におりてきたさまざまなデータ（数値）から、状況をつぶさに想像して問題解決を図ってゆく力が求められるわけです。この意味において**想像力は不可欠**といえます。

51　スムーズな運用のためには入念なリハーサルが必要。

「運用フェーズ」では徹底した準備が求められます。「基本姿勢」の項目20とも関連しますが、運用に向けた準備段階では、何が起こるかをあらかじめ想定し、「こういう状況になったら、このように対処する」という**if-thenルール**を用意しておく必要があります。あらゆる事態を想像し、**入念なリハーサル**を行ったうえで、事前に適切な策を講じておくことが求められるのです。

第5節　解析フェーズで心がけるべきこと

次に「解析フェーズで心がけるべきこと」について解説を行います。「解析フェーズ」で求められるのは4つの項目です。

52　当初の目的が果たせているかを検証する（ミニマムサクセス、ミドルサクセス、フルサクセス）。

「解析フェーズ」においては、第一に、立案段階で掲げた目的が達成されたかどうかを詳細に検討してゆくことが重要です。「立案フェーズ」で見据えた3段階の成果（「立案フェーズ」項目38）に照らして、本プロジェクトがどの程度の成果を打ち出すことができたかを分析する必要があります。

53　データを生で見る。立案段階の仮説にとらわれず、さまざまな角度からデータを分析する。

「立案フェーズ」項目40で示した通り、「立案フェーズ」で打ち立てた計画に基づいて、データの解析を行ってゆくことになります。けれども、ここで重要になるのが、**データを生で見ること。**「立案フェーズ」での計画にとらわれず、いろいろな角度からデータを分析する姿勢です。先入観を排し、データを生で見ることで、立案段階では想定していなかった新たな発見がもたらされる可能性があります。

54　想定外の結果が出ても嘆く必要はない。そこから新たな発見が得られる可能性がある。

「解析フェーズ」項目53とも関連しますが、立案段階での見立てとは異なるデータが出ることは、決してネガティブなことばかりではな

く、むしろそこに新たな発見の可能性が眠っている場合もあります。見立てと異なるデータが得られたということは、計画段階では見落としていた事象の生起を意味するわけですが、そうした事態（意外性）と向き合うなかで、新たなる創造的な問いが生まれることもあるのです。

55　成果を発表するためのプレゼンテーション力が重要。難しい内容をわかりやすく噛み砕いて伝えることも必要。誇張と省略。

データの解析結果に基づく成果発表の段階においては、プレゼンテーション力も不可欠です。より多くの人にわかりやすくプロジェクトの成果を伝えるためにも、難解な内容を明快に伝える工夫が必要になります。「リーダー論」項目70とも関連しますが、ここではリーダーの発信力も問われることになるでしょう。

第6節　チームづくりの際に心がけるべきこと

次に「チームづくりの際に心がけるべきこと」について解説を行います。先にも述べた通り、宇宙開発においては、基本的にチームでミッションに取り組むことが求められます。プロジェクトを円滑に進めるためにもチームづくり（チームビルディング）は不可欠といえます。以下、それぞれの項目についてみていくことにしましょう。

56　ミッションサクセスという大きな目標がチームをまとめる。大目標を各メンバーが共有していれば、組織はまとまる。

チームづくりにおいて最も重要なのは、プロジェクトの大目標をチームのメンバーが深く理解し、共有することです。大がかりなプロジェクトになればなるほど、確固たる大目標の存在が不可欠となります。ひとつの大きな目標に向かってゆくことで、チームは自ずとまとまってゆくでしょう。もしメンバー間で大目標が共有できていなければ、プロジェクトの進行途中で組織が空中分解してしまう危険性もあります。

57　チームのメンバーの関心事に興味をもつ。互いのバックグラウンドに敬意を払う。相手の立場を想像する。

チームづくりにおいては、それぞれのメンバーが「何に関心をもっているか」に目を向けることが大切です。また、それぞれのメンバーがどんな背景をもっているのか、お互いのバックグラウンドに敬意を払い、各メンバーの立場を理解しあうことが必要になります。

58 物理的に場を共有し、face to face でコミュニケーションをとる。

コロナ禍において、人と人が顔を合わせて議論する機会は激減していますが、プロジェクトを進めるうえでは、チームのメンバーが同じ場を共有し、face to face でコミュニケーションをとることがきわめて重要となります。合宿形式で同じ部屋でチームのメンバーと交流を図ることも有効です。

59 リーダーとリスク管理をする人間を分ける。

「開発フェーズ」項目48とも関連しますが、プロジェクトを進めていくうえで、チームの中で「もっと良い性能のものをつくりたい」という思いが大きくなることがあります。そうした欲望が増大すると、リスク管理が甘くなる可能性が高くなります。とりわけ、リーダーが「もっと良い性能のものを」という思いに駆り立てられてしまうと、冷静な判断を下すことが難しくなってしまいます。そうした状況を避けるべく、リーダーとリスク管理を行う人間を分けることで、つねに冷静な立場で事態を捉える人を設けておく工夫も必要になります。

60　どうしても合わない人がいる場合は、できるだけ接点をもたないように物理的に作業を離す。

プロジェクトを進めていくうえで、チーム内でどうしても相性の悪い人がいるケースもあるでしょう。最も重要なのは、プロジェクトを円滑に進めてゆくことなので、その妨げになる要素（チームワークの欠如など）は取り除く必要があります。相性が悪い人同士は、無理に仲良く作業を進める必要はなく、互いにできるだけ接点をもたなくてすむよう、別の作業に従事させるのがよいでしょう。

61　問題をひとりで抱え込まない。

何かトラブルが生じた場合は、ひとりで問題を抱え込まないことが重要です。換言すれば、ひとりで問題を抱えずに、誰かに気軽に相談できるようなチームの雰囲気づくりが求められるということです。どこでどのような問題が生じているかをチームで共有できていなければ、結果的にスケジュールの遅延につながる可能性が高くなるからです。チームのメンバーが問題を抱え込まなくてもすむよう、常日頃からメンバー間でコミュニケーションをとっておくことが大切になります。

62　適度な貧乏が創造性を生む。

意外なことに、宇宙開発においてはプロジェクトを進めてゆくうえで、予算があり余っている状態だとかえって人任せの状態が生じてしまい、創造性が生まれにくいともいわれています。「適度に貧乏な状態」のほうが自分の頭で考えて、チームが結束し、皆で努力する場が形成されるというのです。貧乏であることがプロジェクトの足かせになるどころか、むしろクリエイティビティの発動につながるというじつに不思議な事態が生じます。もちろん、まったく予算がなければプロジェクトを進めることはできませんので、**「適度な貧乏」**という点がミソです。

63　フリーライダーに責任をもたせる。

プロジェクトを進めていくうえでは、フリーライダー（対価を支払わずに利益だけを得る人＝タダ乗り）の発生を阻止する必要があります。その発生を防ぐためにも、フリーライダーに一定の責任をもたせ、プロジェクトに主体的に関わらざるをえない状況をつくることが重要

になります。人は仕事を任されると成長することもあるため、多少の失敗をしたとしても、フリーライダーには仕事を任せることが肝要です。

第７節　プロジェクトのリーダーが心がけるべきこと

次に「プロジェクトのリーダーが心がけるべきこと」について解説を行います。プロジェクトの成否はリーダーが握っているといっても過言ではなく、宇宙開発においてリーダーの存在はきわめて大きいといえます。以下、リーダーに求められる多種多様な心構えの内実をみていきましょう。

64　ミッションは人である。強力にグループを引っ張っていく存在が必要。

宇宙開発の現場においては「ミッションは人である」ということがよくいわれます。「この人がいなかったら、このミッションについて語ることができる人はいないのではないか」といえるほどの人物がいると、そのプロジェクトは確かな足取りで前進します。つまり、最初にミッションありきで、事後的に（後づけで）リーダーが決められる場合よりも、リーダーが強力にグループを引っ張っていくミッションのほうがうまくいくと考えられているのです。魅力のないリーダーのもとには優秀な人材が集まらないとさえいわれています。

65 リーダーは誠実であれ。高潔さ（Integrity）が必要。

リーダーには誠実さが求められます。そして、誰よりも努力し、チームのメンバーから信頼される人物でなければなりません。チームのメンバーに命令するだけでよいと考えている人はリーダーとして不適格といえます。

66 責任をとる決断を下し、任せるところはメンバーに任せる。コアメンバーとの信頼関係を築く。

「基本姿勢」項目20で触れた通り、宇宙開発は失敗が許されないミッションばかりなのですが、そうした極限状況において、リーダーにはプロジェクトの最終的な責任をとる覚悟が求められます。とはいえ、すべてをリーダーひとりで掌握しようとするのではなく、任せるべきところはメンバーに任せ、自由を与えることも必要です。もちろん、メンバーにある役割を任せるためには、チームのコアメンバーと信頼関係を築いておくことが不可欠となります。

67　トップの熱量は周囲に伝播する。

リーダーの意気込みは周囲に伝染するといわれています。熱量の高いリーダーは概して自分自身が最も楽しそうにミッションに関わっているケースが多いです。リーダーが当該プロジェクトの面白さを誰よりも理解し、楽しみながらこれに関わることができれば、チームのメンバーのモチベーションも自ずと上がってゆくでしょう。

68　リーダーには聞く力・包容力が必要。自分と異なるアイディアを尊重し、メンバーが自由に発言できる雰囲気をつくる。

リーダーは自らがやりたいことをチームのメンバーに押しつけるのではなく、メンバーの声に耳を傾け、意見を聴取することが重要です。もちろん、メンバーの意見すべてを採用することはできませんが、ともかくも自分と異なるアイディア・考え方を尊重し、メンバーが遠慮なく発言できるような心理的な場づくり（心理的安全性 psychological safety の形成）が求められます。

69 リーダーには調整が求められる。落穂拾い。分担の隙間を埋め合わせる。必要に応じて謝ることができるのが良いリーダー。

「リーダー論」項目68で、リーダーには聞く力・包容力が必要だと書きましたが、ただ、相手の言っていることを漫然と聞くのではなく、リーダーにはインターフェイスの調整に必要なレベルで情報を理解する力が求められます。そうでなければ、深いレベルでの調整を行うことができないからです。適宜チームのメンバー間の調整を行い、必要に応じて間を取り持ち、時に謝ることができるのが良きリーダーといえます。

70 外に向かって発信する力が必要。

リーダーにはプロジェクトの内容を多くの人たちに伝えてゆくための発信力が求められます。つまり、プロジェクトのゴールを誰よりも理解し、わかりやすく成果を伝えてゆくためのプ

レゼンテーション力が不可欠となります。時には専門的な内容を素人でも理解できるように解説することが求められ、必要に応じて難解な内容を省略したり、ドラマチックに伝えたりする力が必要となります。

第2章

向井千秋氏に聞く　徹底解説！　70の心構え

前章では、宇宙教育プログラム70の心構えを紹介しましたが、本章ではそれらの項目のうち、特に重要だと思われるものについて解説していきたいと思います。

ここでは、宇宙飛行士で宇宙教育プログラムの研究代表者を務める向井千秋氏が具体的なエピソードを交えながら70の心構えの各項目を説明します【聞き手＝井藤元（教育学者）】。

マテリアルな利益にのみ向かうべからず。１００年後、１０００年後を見据える。（項目１）

井藤　紙幅の都合上、70の項目すべてについて満遍なくお話をいただくのは難しいので、いくつかの項目をピックアップして、お話を伺いたいと思います。70の心構え「基本姿勢」の項目の中から、まずは第１の項目「**マテリアルな利益にのみ向かうべからず。１００年後、１０００年後を見据える**」について、先生のお考えをお聞かせください。

向井　今、ＳＤＧｓの重要性がいたるところで強調されていますが、ＳＤＧｓは「サステナブル」ということがキーワードですよね。ここでいう「サステナブル」とは、自分の時代や次の世代のサステナビリティーだけでなく、さらにその次の世代を見据えているわけです。「地球は資源が限られているから、資源を使い切っちゃうのはまずい」ということで「サステナビリティー」という言葉がキーワードになりましたよね。多分、今の世代の方々は、資源を自分の一世代で使っては駄目で、次の世代にも渡していく必要があるということ、そういうロングスパンの考え方をある程度は抱くことができているのではないかと思います。

宇宙開発が私に教えてくれたのは、知識・技術だけでなく、ズームイン／ズームアウトの視点、つまり「地球を外から見ることができる」という視点です。

人工衛星を使った研究やロケットの研究など、地球外に出て探査すると視野がものすごく広がります。視野が広がった先から振り返ってあらためて地球というものを見てみる。そうすると、ものの見方が広がり、また深まっていきます。

たとえば、スマホでバラの花の撮影をするときに、遠景で、つまりズームアウトして庭のどこら辺にバラが咲いているのか、全体を写し出す場合もありますし、バラに接近して、ズームインすることでバラ自体の美しさを写しとる場合もありますよね。

そうしたズームイン／ズームアウトの視点を、多くの人に与えてくれているのが宇宙開発だと思います。ズームイン／ズームアウトして考えてみると、すべてが有限で、資源も有限であることがわかってきます。だから、その有限のものをいかに次の世代に残してゆくか、そうした視点が自ずと獲得されるのです。

井藤　なるほど。宇宙＝地球の外側からの視点があってはじめて「地球の有限性」に気づくことができるのですね。宇宙規模のマクロな視点をもつことで、この地球に住むわれわれがどのようなあり方をすべきか、見つめ直す機会が得られる。本当にかけがえのない視点を与えてくれるというのは納得できました。

向井　「マテリアルな利益にのみ向かうべからず」というのは、つまり「予算を１００円かけたら、１２０円のモノができたんで20円儲かったな」といった物質的な利益にのみ向かうのではなく、地球が有限で、有限だからこそ有効に使わなければならないということです。そして、子々孫々まで、みんなが美しい地球を見ていられるように努める必要があるのだという、スピリチュアルな（精神的な）スピンオフこそが宇宙開発の一番の恩恵だと私は思うんですよね。

井藤　マテリアルな利益ではなく、スピリチュアルな（精神的な）副産物こそが宇宙開発にとっては重要なのですね。スピリチュアルという言葉、やや誤解を招きやすい言葉のようにも思いますが、どのような言葉に置き換えられるでしょうか？

向井　スピリチュアルは「インタンジブル」と言い換えられるかもしれません。英語だと「タンジブル」と「インタンジブル」という言葉を対で使いますね。タンジブルは「有形の」とか「触れられる」といった意味があり、インタンジブルというと「無形の」という意味がありますが、宇宙開発においては、後者の価値やありがたさに気がつく必要があると思います。

井藤　なるほど。無形だけれど、人類の持続可能なありようにとってはきわめて重要なものの見方や価値観を宇宙開発は私たちにもたらすのですね。

本物についていくと、自分も本物になってゆくことができる。本物から学ぶ。(項目2)

井藤　「基本姿勢」の2つ目の話題に移りましょう。「**本物についていくと、自分も本物になってゆくことができる。本物から学ぶ**」。本物についていくと、自分も本物になっていくというのは面白いなと思ったのですが、まずは「本物かどうかを見極める」ことがどうすれば可能になるのか、向井先生にお伺いしたいと思います。

向井　本物かどうかを見極めるためには、本物に触れないとダメなんですよね。たとえば本当にいい音楽を子どもの頃から聞いたり、美術館に行って、本物の絵画を見たり。本物を見ていると（そのときはわからなくても）だんだん目や耳が肥えてきます。

井藤　宇宙教育プログラムのコンセプトもそこですよね。中学生対象・高校生対象だからといって、いっさい、手加減はしない。宇宙開発の最前線で活躍している本物の人々や、本物の教材と生徒たちを出会わせることで、彼らの目を養っていく。

向井　そうですね。しかも、「本物」は取り返しがつかないような極限の状況で戦っています。たとえば、ロケット開発の現場では、研究者にしても、技術者にしても、失敗すれば爆発してしまうかもしれないというギリギリの、薄氷を踏むような状況で仕事に向き合っている。「本物」は本気で目の前の仕事に取り組んでいる。

オリンピックに出場し、金メダルを狙っている子どもたちは、中学生だろうが、高校生だろうが、子どもだからといって、「子どもバージョンのオリンピック」に出場しているわけではないですよね。「大人から手加減してもらって、金メダルがとれた」なんていう話は聞いたことがありません。まさに実力の世界。

だから、宇宙教育プログラムに関しても、なるべく本物を子どもたちに与えたいと考えています。上から目線で、「子どもだから真似事でいいよ」というのではなく、「私たちもあなたたちを本物として扱います。そのかわり厳しいよ」と。

井藤　本物に触れる経験は厳しさをともなうわけですね。宇宙開発に興味をもっている生徒に限らず、中学生・高校生の頃に、子どもたちが何に出会っていくべきなのかがクリアに見えてきた気がします。本物に出会い、本物として扱われることで、無意識のレベルで、子どもたちの中に研ぎ澄まされてくる感覚があるのかもしれませんね。

越境していく勇気をもつ。（項目６）

井藤　次に「基本姿勢」の６番「**越境していく勇気をもつ**」について。これもかなり重要な項目ですよね。

向井　この項目は３番「**井戸の外に出てみる。井戸の中では戦わない。宇宙という人類共通の敵と戦**

う」とも関連しますね。ダイバーシティー（多様性）の観点で考えてみると、私たちは**違いからしか学ぶことができません。**

人は、同じであることを慈しみ、違いから学ぶ生き物だと私は考えています。越境せずに、同じ文化の中の、ぬくぬくとした環境の中にいては、蚕でいえば繭の中に入り込んでいるようなものです。けれども、それだけでは外の世界はどんな世界なのか、外は春なのか、秋なのかわからない。やはり外に出てみて、今とは異なる環境を見たときに、自分が属している環境の良さや弱点もわかるし、違いから学びが駆動します。学びたかったら、自分とは違うものを求めなければ学べない。

井藤　なるほど。ただ、その際に「基本姿勢」の7番（**異なる分野間で生じる「摩擦」が創造性を生み出す。異分野と積極的にコラボレーションをはかる。異分野とのコラボレーションのためには、まずは自らの専門分野について深く掘り下げて学ぶ必要がある**）ともつながってくると思うのですが、摩擦が必然的に生じますよね。違う文化に赴けば、まったく異なる考え方や価値観と出会うことになるわけで、自分自身の基盤がぐらぐらと揺さぶられ、場合によっては、へし折られることだってあるかもしれない。

向井　はい。摩擦は必ず生じます。けれども、摩擦がなければ車は走ることができません。摩擦がなかったら地面がつるつるしちゃって、氷の上で車を走らせているような状態になってしまい、前には進みません。だから、自分が前に進みたかったら、摩擦は必要なんです。

ただ、摩擦には「必要な摩擦」と「私たちを押し潰してしまう摩擦」があるので注意が必要です。

新しいプロジェクトに挑むときには、果敢に臨むだけでは不十分で、周到に用意をしておく必要があります。摩擦がどれくらい大きいかということを事前にシミュレーションし、過度な軋轢を生むような方向には進むべきではないと思います。

井藤　不必要な摩擦＝クリエイティブな方向には向かわない摩擦というのも存在するわけですね。

向井　必要な摩擦を醸し出していくことが重要ですね。先ほどの車の例でいえば、車は摩擦がなければ走りませんが、摩擦がありすぎても走りません。だから、エンジニアの方々は、最適な摩擦係数を考えて車を開発している。

井藤　このあたりの話は（のちほど先生にお話しいただくことになりますが）、チームづくりの話ともつながってきますね。必要な摩擦をみんなで受け止めて、集団として前に進んでいくためのチームづくりの話と関連しますね。

向井　そうですね。チームとしての摩擦＝前に進むための摩擦もありますね。また、チームをつくる際に、個々人はみんな価値観や考え方が違うから、必ず摩擦が生まれる。違いから生ずるエネルギーを大切にしたいですし、そこからしか学べないと私は考えています。いずれにしても、私は摩擦をポジティブに捉えています。

プロジェクトに対して当事者意識をもつ。（項目13）

井藤　次に基本項目の13番「**プロジェクトに対して当事者意識をもつ**」について、考えをお聞かせください。

向井　当事者意識をもたなければ、プロにはなれません。あるプロジェクトを他人事で考え、プロジェクトを傍観していたら、絶対に戦えません。犬の遠ぼえ的に「俺だったらああやるんだけどな」みたいに考えている人は、当事者ではないので、プロジェクトの成功も失敗もその人にとっては他人事になります。

プロジェクトに関わるということは、輪の中に入ること。輪の外から見ているのは、単なる評論家です。

スケジュール通り進まないことは常。何度もスケジュールを見直す。（項目15）／**失敗は許されない。想定外をなくす努力をする。Think ahead。**（項目20）

井藤　続いて、基本姿勢の15番「**スケジュール通り進まないことは常。何度もスケジュールを見直す**」について、お話を聞かせてください。

向井　ロケットの打ち上げではスケジュールの変更は頻繁に起こります。だからもう、基本的には**変わるのが当たり前**というところから始まるんですよね。変更のたびに、ストレスを感じてしまったら、エネルギーを消耗してしまいます。

井藤　一喜一憂しないマインドセットが必要なのですね。

向井　そうです。スケジュールの変更が生じた場合も「こういうこともあるよね」と受け流す。ただ、当然、気合いも入っているわけで、なかなか切り替えが大変ですけどね。「5、4、3、2、1」までカウントダウンが進んだにもかかわらず、2秒前に中止になったフライトもあるくらいです。

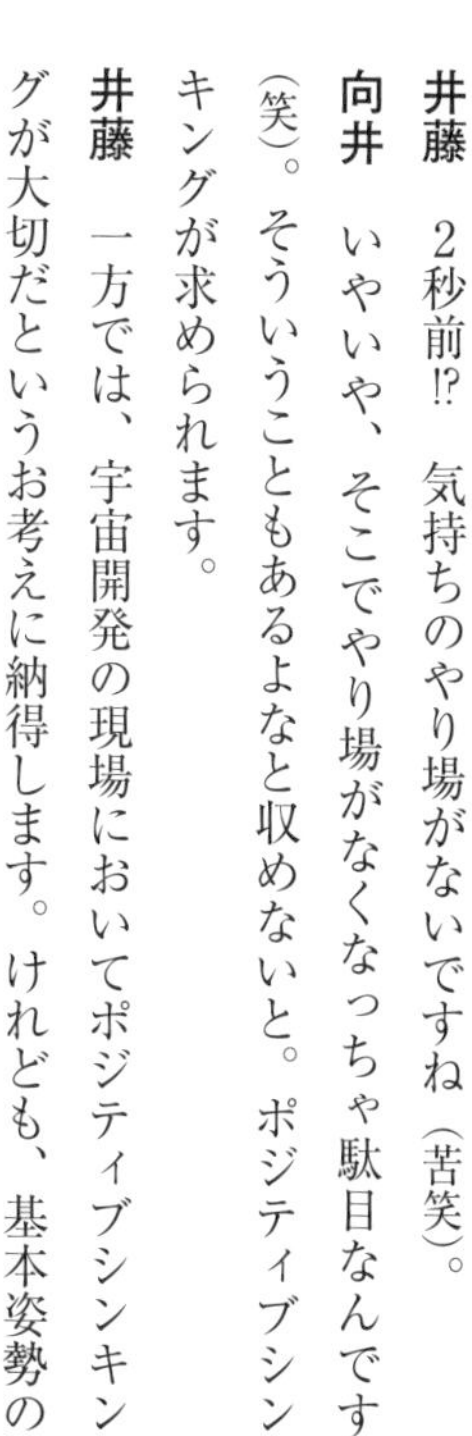

井藤　2秒前!?　気持ちのやり場がないですね（苦笑）。

向井　いやいや、そこでやり場がなくなっちゃ駄目なんです（笑）。そういうこともあるよなと収めないと。ポジティブシンキングが求められます。

井藤　一方では、宇宙開発の現場においてポジティブシンキングが大切だというお考えに納得します。けれども、基本姿勢の20番（「**失敗は許されない。想定外をなくす努力をする。Think ahead**」）と関連しますが、実際は、悲観的な側面も同時にあわせもっていらっしゃいますよね。「失敗が起きるかもしれない」「失敗が起きたらどうしよう」と無数のタラレバをシミュレーションされている。

向井　そうですね。たとえば宇宙飛行士は「ボタンを押したときにボタンを押した結果がわからないものは触るな」と言われています。「わからないけれど、何とかなるだろう」と楽観的に構えることは許されないんです。だから用意周到にいろんな布石を置きながら、石橋をたたきながら渡ってゆく。その石橋だって、たたいて渡れる確率が50パーセントのものもあれば、たたいて渡っても、もしかしたら2割くらいしか渡れないケースもあります。そこはリスクテーキングで、そのときの状況をつぶさに観察し、成功確率が2割でも渡るのか、5割だったらやめるのか、6割だったら行くのか判断することになります。

だから私たち宇宙飛行士は、ポジティブシンキングを基本的にはもっていますが、その裏では必ず最悪の状態を考えて準備をしているんです。

井藤　そこが面白いです。ポジティブとネガティブ、相矛盾する二つの要素を同時にあわせもっていらっしゃる点に魅力を感じます。

向井　私たちは、つねに最悪の事態を考えて準備しているので、たとえばスペースシャトルだって100回に1回は落ちることもあるわけですが、それは「人事を尽くして天命を待つ」状態だといえます。これ以上できないくらい、徹底的に準備をしているから、たとえ失敗したとしても仕方がないわけです。

でも、いいかげんにしか準備をせず「まあ、人生何とかなるだろう」という甘いスタンスで臨むと、結局は何とかならないわけです。

先ほどお話したアスリートのケースにたとえるならば、アスリートたちは、金メダルを目指しても全員が金メダルをとれるわけではありませんよね。実力的には金メダルをとれるレベルだったとしても、やはり時の運があるから、とれないことも当然あります。けれども、徹底的に準備をして、金メダルを本気で目指したけれどとれなかった人と、本番まで適当な気持ちで練習してメダルがとれなかった人とでは、同じ結果でもレベルがまったく異なります。

われわれは先が見通せていないと努力することができない。何に向かって努力すればよいかを明確化する。（項目25）

井藤　次に基本姿勢25番「**われわれは先が見通せていないと努力することができない**」についてお話をお聞かせください。

向井　これは「ビジョンをもて」ということですね。プロジェクトはすべてビジョンから始まります。光があってこの世ができたのと同じで、ビジョンがあるからこそ、そこに向かうことができます。私はよくベツレヘムの星のたとえでお話するのですが、キリストが生まれたときに、ベツレヘムのほうに向かって3人の賢者が向かいますよね。「あの星の下に救世主がいる！」というので向かっていく。星はひとつの道しるべになります。つまり、明確なビジョンがあると、もちろんその目的地に向かうためにはいろいろな道（方法）があるのですが、今、自分がもっているリソースでどのくらいの年月をかけて到達できるかがわかるから、まずはビジョンが必要になってきます。ビジョンがなければ幽霊船と同じです。この船の目的地は「ニューヨークです」と決まっていれば、どう遠回りしてもニューヨークに到着できるわけですが、「出港するときに、この船はどこへ行くかわかりません」という船には誰も乗らないでしょう。

井藤　このあたりの話は、のちに検討する「リーダー論」の話題にもつながってくるように感じました。プロジェクトが大きくなればなるほど、末端にいる方々は、「今、自分は何をやっているんだっけ？」と、星を見失ってモチベーションを低下させてしまう瞬間があるのではないかと思うので、星を示し続けることは本当に重要だと感じました。

向井　そうですね。ひとつのシンボル、たとえば「アメリカ国旗」も同じような役割を果たしていると思います。アメリカは移民や文化的背景の異なる方が数多く住んでおり、皆がアメリカ国旗の下に集まってきますよね。宇宙飛行士たちのミッションバッチもそうです。「私たちの使命はこれをやることだ」というのをリマインドする意味で、チームのミッションバッチを皆でつくります。

旗にしてもバッチにしても目標を示すという意味で、効果は同じだと思います。旗の近くにいる人もいれば、遠く（末端）にいる人もいるわけですが、「旗があそこにある、あの旗が上がるように頑張ろう！」と人々を鼓舞することができるのだと考えます。

井藤　なるほど。それを示し続けるのがリーダーというわけですね。

向井　はい、そうですね。チーム全体でそのビジョンを共有する必要があります。

井藤　ありがとうございます。向井先生のお話を伺っていて「基本姿勢」カテゴリの26項目が互いに有機的に結びついているのだということを再確認いたしました。

チームのメンバーの関心事に興味をもつ。互いのバックグラウンドに敬意を払う。相手の立場を想像する。（項目57）

井藤　次に「チームづくり」のカテゴリについてお話をうかがいたいと思います。57番「**チームのメンバーの関心事に興味をもつ。互いのバックグラウンドに敬意を払う。相手の立場を想像する**」に関して、バックグラウンドの異なる人に対して敬意を払うことの重要性について考えをお聞かせください。

向井　結局、私たち宇宙飛行士は、その飛行のミッションを何名で行うかを決定する際に、導き出された数は過不足のない数となります。つまり、「８名は必要ないけれど、６名では足りない。だから７名必要だ」というように、ひとりひとりが担わなければならない役割が明確に決まっています。どんな小さな歯車だって、その歯車がなくなったら時計が動かないのと同じで、明確な役割が与えられているからこそ、その人がいなくなったら大変なことになります。

だから、ある組織において「その人がいなくても成立する」ようなチームは機能的ではありません。

チームをつくる際には、自分がもっていない知識やスキルを相手がもっているという状況が望ましいといえます。

チームメイトのバックグラウンドに敬意を払い、「私はできないけれど、あの人を連れてくればできるよね」というふうに、チームメイトに何ができるのかを把握する必要があります。自分のチームにどんな人がいるかを理解し、人間関係を良好にして、「この仕事、私にはできないから助けて」とすぐに手助けを求めることのできる関係性を培う必要があります。そうでなければ、プロジェクトを共に前へ進めることができません。

井藤　なるほど。ここで「互いのバックグラウンドを理解する」というときに、単に、その人がもっている知識やスキルだけでなく、たとえば宗教的背景や文化的背景への配慮や理解も必要だと考えてよろしいでしょうか。

向井　その通りです。専門性に関する背景だけではなく、ここでの「バックグラウンド」という言葉はすべてを内包します。ダイバーシティー（多様性）に基づくチームをうまく機能させることができれば、単一の価値観や考え方に基づくチームよりも強靭で良い仕事ができると思います。そのなかには宗教も入るでしょうし、年齢差、男女差なども入るでしょう。ダイバーシティーの考え方というのは単に違いを発見するというだけではなくて、違ったものがあるのが当たり前だという価値観です。違った考え方をもった人たちが皆、心地よくそのチームにいられるというのがダイバーシティー&インクルージョン（個々人の多様性を互いに受け入れそれぞれの特性を活かしていくこと）の考え方で、私はそれこそが大事だと思います。冒頭でも申し上げましたが、「私とあの人は違うのだ」と見切りをつけ、そこで終わってしまってはダメで、違うからこそ、その人から学ぶことができるわけです。ダイバーシティーをインクルードできないとチームは成立しないと思います。

井藤　そこが面白いです。違いを違いのまま保存しつつ、同時にひとつのまとまり（チーム）をつくっていくということですよね。ただし、無理やり一色に染めはしない。サラダボールのような状態。

向井　その通りです。人種のるつぼ（Melting Pot）というと、全部一緒くたにしちゃって、何だか味がわからなくなっちゃう。そうではなく、サラダボールみたいに、レタスもあれば、ニンジンもあって、それを食べることによってレタスとニンジン、味は違うけどおいしいよね、と。別々に食べてもおいしいけれど、一緒に食べたらもっとおいしい！ということになるわけです。

物理的に場を共有し、face to face でコミュニケーションをとる。（項目58）

井藤　次に「チームづくり」の58番「**物理的に場を共有し、face to face でコミュニケーションをとる**」についてお話をお聞かせください。コロナ禍を経て、現代ではどんどんオンライン会議システムが活用されていますが、私がインタビューさせていただいた宇宙開発に関わっている方々は口を揃えて、やはり face to face のコミュニケーションが大事だとおっしゃっていました。この点、先生はどのようにお考えでしょうか。

向井　宇宙開発はもともとテレサイエンス（遠隔科学）です。face to face で関わることができないのが常です。だからこそ、逆に face to face で会える機会が貴重なので、場を共有してコミュニケーションをとるようにしたいという思いは強いかもしれません。つねに宇宙と地球でやりとりし、実験も全部オンラインで行っているわけですから、コロナ禍で普及したオンライン会議の先駆けみたいなものです。

井藤　だからこそ会えるときには会って、コミュニケーションをとる。

向井　はい。場の雰囲気とか場を読んだりというのは、やはりオンラインでは難しいです。face to face のミーティングがあるとものすごく貴重ですし、参加者どうしの関係性は深まります。

どうしても合わない人がいる場合は、できるだけ接点をもたないように物理的に作業を離す。（項目60）

井藤　次に「チームづくり」の60番「**どうしても合わない人がいる場合は、できるだけ接点をもたないように物理的に作業を離す**」について伺います。学校教育においては、とにもかくにも「みんな仲良く」を目標に掲げる場合が多いですが、この項目には「合わない人同士を無理やり仲良くさせる必要がない」というメッセージが含まれているところが面白いと感じるのですが、この点はどのようにお考えですか。

向井　この考え方は第1段階（レベル1）では重要ですね。機械の歯車の場合もそうですが、合わないものを無理に組み合わせたら、両方とも壊れてしまいます。とりあえず、あいだに緩衝帯を入れるなど工夫する必要が出てきます。ただ、そうこうしているうちに、第2段階（レベル2）として、「やはり、彼/彼女がいないとこの仕事は回らない」ということがお互いにわかってくると、互いを毛嫌いしている場合ではなくなります。個人的な好き嫌いの感情だけにフォーカスしていては、プロとは呼べません。たとえば、価値観や考え方が合わない相手がいたとしても、その相手がもっている技術がどうしても必要だったら、何らかの接点をもたないと、自分の仕事が達成できなくなってしまいます。

井藤　非常に合理的な考え方ですね。プロジェクトを推進していくためには、そういったドライな関係性も必要だということがわかりました。

適度な貧乏が創造性を生む。（項目62）

井藤　次に「チームづくり」の62番「**適度な貧乏が創造性を生む**」について、先生のお考えをお聞かせください。

向井　これは一般的に「ハングリー精神」と呼ばれるものですね。「貧乏」というと、お金関係の「貧乏」のイメージをもつ方が多いかもしれませんが、ここでいう「貧乏」というのは、精神的な面の満たされなさも含まれると思います。「適度な貧乏」とは、物理的な貧乏・精神的な貧乏の両方を指します。

井藤　精神面の場合は、「貧乏」というより「欠乏感」のほうが適切かもしれませんね。

リーダー論　良いリーダーとは

井藤　それでは、最後のセクション、「リーダー論」についてお話を伺いたいと思います。

向井　基本的にリーダーは、マネジメントが上手な人だと考えています。私が出会ってきたリーダーは、「俺についてこい」的なリーダーではなかったと思います。独裁者みたいな人はいなかったです。柔軟性があって、今このチームにとって何が一番大事なのかがわかる人。

リーダーシップとフォロワーシップという言い方があって、良いリーダーは良いフォロワーにもなることができます。やはり、フォロワーというのはフォローする人なので、自分がフォロワーに回ったほうがこのチームのアクティビティが高くなると判断したら、リーダーだった人がフォロワーに回ることもあるんです。そして、また状況が変われば、リーダーに戻るかもしれない。そういう意味では、どの人もフォロワーにもリーダーにもなれるのが理想的ですね。そのうえで、このチームにとって今やるべきことは何か、つまり全員がビジョンを共有していて、プロジェクトを進めるのが最もよいと思います。

井藤　非常に高度ですね。独裁者のような中心が存在せず、その都度の状況の中でリーダーとフォロワーが入れ替わっていくのが理想なのですね。

向井　もちろん、立場上の中心は決まっていますよ。たとえばコマンダーとか。けれども、コマンダーが倒れたときには、誰かがまたコマンダーになれるのが理想です。ひとりの強力なリーダーがいて、残りの全員が弱いということでは困りますよね。武将がやられてしまったら、その軍は負けが確定してしまいます（笑）。

２０２３年のＷＢＣ（ワールドベースボールクラシック）で大谷翔平選手がバントをしたことがニュースになりましたよね。大谷選手は、スーパースターで強打者なのに、ヒットを打ちにいってもよい場面でバントをしました。

井藤　はい。フォロワーに回ったわけですね。

向井　そう。大谷選手は、チームが勝つことに自分がどう貢献できるかをつねに考えているということが見てとれますよね。自分だけが目立って「俺はリーダーだ！　これは全部自分がやったんだぞ」みたいなリーダーは、大したリーダーじゃないんですよね。隠れたところでチーム全部を波に乗せることができる、その推進力を生み出すことができる人こそが良いリーダーだと思います。

リーダーは誠実であれ。高潔さ（Integrity）が必要。（項目65）

井藤　65番目の「**リーダーは誠実であれ。高潔さ（Integrity）が必要**」についてはいかがでしょうか？

向井　この項目は、リーダーだけではなく、実際は宇宙開発に関わるすべての人に求められることですよね。宇宙みたいな未開の地というか、戦う敵そのものが何物なのかわからないような相手と向き合う場合には、誠実さはどんな場面でも必要になります。

　先ほども申し上げましたが、チームにおいて、誰でもリーダーになれるような状態が理想的なので、結局のところ、この項目が示しているのは、誰もが高潔であれ、誰もが誠実であれという話になってくると考えます。

責任をとる決断を下し、任せるところはメンバーに任せる。コアメンバーとの信頼関係を築く。（項目66）

井藤　次に、66番「**責任をとる決断を下し、任せるところはメンバーに任せる。コアメンバーとの信頼関係を築く**」について、お話をお聞かせください。

向井　人は1日24時間しか生きられませんよね。よく子どもたちには「図書館に行ったときのことを考えてごらん」と言っています。「図書館にはこんなに面白い本がたくさんあるけれど、限られた自分の一生の中で、全部の本を読むことはできないでしょう。だからチョイスしなければならないと。自分はある本をチョイスし、隣の人は違うチョイスをする。

大きなプロジェクトを前に進めようとしたら、自分ができないことは相手に任せて、それで1足す1を3とか4にしない限り、ビッグプロジェクトは絶対に成功しません。

全部自分でやろうとしたら、自分の丼に盛ることのできる御飯しか食べられない。今、私は牛丼を食べているけれど、あの人が食べているチャーハンも食べたいと思ったら、隣の人の丼を借りない限りはチャーハンを食べることができないのです。

その人とコラボレーションすれば、私もチャーハンが食べられるし、相手には牛丼をあげることもできる。「2人で2種類食べられてよかったね」という話になります。

外に向かって発信する力が必要。（項目70）

井藤　リーダー論の70番「**外に向かって発信する力が必要**」についてお話をお聞かせください。先生は、発信する力をどこで磨かれたのですか？

向井　話し方、プレゼンの方法などについてはNASAでレクチャーを受け、魅力あるプレゼンの技法を学びました。アメリカでは大統領にスピーチライターがついていますよね。スピーチの際にはスピーチライターの名前をクレジットに挙げているじゃないですか。

私はスピーチライターの人が書いた本を何冊か読んだのですが、その中に書かれていたことで今でも印象に残っている言葉があります。「聴衆は、あなたの言っていることは聞いていない。あなたの内容を聞いているんじゃなくて、あなたがその内容をどう伝えたかを聞いている」。

だから自分が伝えたいことが楽しくて仕方がないんだったら、見るからに「楽しいでしょう！」というふうにパフォーマンスしない限りは相手には伝わらない。話し手の姿勢や態度がとても重要なのです。

たとえば誰かが亡くなって、大統領が喪に服すときには目を落とし、一緒に聞いている大統領夫人もともに目を落とす、といったボディーアクションも指導されています。

私が一生懸命プレゼンの内容をつくっているのに、その内容よりも、聴衆は話し手がどう話したか

郵 便 は が き

恐縮ですが
切手を貼って
お出し下さい

6 0 6 - 8 1 6 1

京都市左京区
一乗寺木ノ本町 15

ナカニシヤ出版
愛読者カード係 行

■ ご注文書 （小社刊行物のご注文にご利用ください）

書　名	本体価格	冊 数

ご購入方法（A・B どちらかをお選びください）

A. 裏面のご住所へ送付（代金引換手数料・送料をご負担ください）

B. 下記ご指定の書店で受け取り（入荷連絡が書店からあります）

市 区	町 村	書店 店

愛読者カード

今後の企画の参考、書籍案内に利用させていただきます。ご意見・ご感想は匿名にて、小社サイトなどの宣伝媒体に掲載させていただくことがあります。

お買い上げの書名	
(ふりがな) お名前　　　　　　　　　　　　(　　　歳)	
ご住所　〒　　　－	
電話　　　(　　　)	ご職業
Eメール　　　　　@	

■ お買い上げ書店名

市　　町
区　　村　　書店・ネット書店名(　　　　　)

■ 本書を何でお知りになりましたか

1. 書店で見て　2. 広告(　　　　　)　3. 書評(　　　　　)
4. 人から聞いて　5. 図書目録　6. ダイレクトメール　7. SNS
8. その他(　　　　　　　　)

■ お買い求めの動機

1. テーマへの興味　2. 執筆者への関心　3. 教養・趣味として
4. 講義のテキストとして　5. その他(　　　　　)

■ 本書に対するご意見・ご感想

に興味があるんだと思って、ちょっと愕然としましたが、とても納得できます。

以前、中学生を対象に講演をしたときに、ある生徒からこんな感想文をもらったことがあります。その感想文の冒頭には、「向井千秋さんが来るから、みんなで話を聞きましょう」と先生から言われて「私は向井さんの話なんか別に興味なかったのに、体育館に連れていかれました」と書かれていました（笑）。

その一文に続けて、「だけど、向井さんが一番はじめに「皆さん、こんにちは！」と挨拶をしてくれて、その最初の一言を聞いたときに、この人の話を聞こうと思った」と書かれていたんです。

その生徒はきっと「とりあえず向井さんの話を聞いてみよう」と思ったんじゃないでしょうか。生徒からもらったその言葉はすごくうれしかったですね。

井藤　もちろん、だからといって、コンテンツは重要ではないという意味ではないですよね。伝え方についてもしっかり意識しなさいということですね。
向井　そうです。伝え方がやっぱり大事だと思います。いずれにしても、自分が興味をもっていないと、その興味というエネルギーは聞き手には伝わりません。生徒に面白さを伝えたかったら、まずは自分が面白いと思わないと絶対に伝えられないと思います。自分が本当に面白いと思っていれば、子どもたちは

「教えて！」と寄ってきてくれます。

子どもたちがニンジンを食べたくないと言っているのに、無理やり口をこじあけて、ニンジンを食べさせても駄目ですよね。周りの人が「ニンジン、めちゃくちゃおいしい！」と心から思って食べているると、それは相手に伝わります。それと同じように、宇宙教育プログラムに関しては担当する教員が宇宙に関するテーマを心の底から面白いと思っているんですよね。その熱量が生徒に伝わるんじゃないかと思います。

井藤　たとえ細かい知識に関しては難しくてよくわからなくても、聞き手が熱量だけは確実に受け取ることになるわけですね。話し手からあふれ出る熱量が聞き手に伝播し、その人たちを深い学びへと駆り立ててゆくのだと思います。

第3章 宇宙教育プログラムの実践例

本章では、宇宙教育プログラムの実践例をご紹介いたします。ここで紹介する８つの実践（第１節・第2節でそれぞれ４つずつ紹介します）では、中高生が宇宙の魅力を知り、これからの時代を生き抜くうえで必要な力を楽しみながら身につけることができるようさまざまな工夫が施されています。各実践について、指導案を掲載しており、実際の授業がどのようなタイムスケジュールで進められたかを示しています。

以下の実践を通じて、第1章で提示した70の心構えを生徒たちが獲得することができます。それでは、大学生が考案したプログラムの具体的な内容を順にみていくことにしましょう。

第1節　大学でのイベント型実践

２０２２年9月17日（土）・18日（日）に、東京理科大学野田キャンパスで「大学生による中学・高校生のための「宇宙教育プログラム」」を行いました。プログラムでは、大学生が考えた宇宙を題材にした４種類の教材を中学生・高校生の皆さんに体験してもらいました。教材は、１教材あたり45分×２コマで構成しています。

1-1　強度計算をして月の建築デザインをしよう

日時場所　２０２２年9月17、18日／東京理科大学野田キャンパス

写真３－１　向井千秋特任副学長から、参加者の皆さんへメッセージ

対象　　　中学生・高校生

●指導内容

月や火星など、地球外に人類が長期滞在する計画が進められている。本授業では、地球上での建築物の構造や強度、コストや加工性などの長所、短所を総合的に判断して決断する手法について理解を深める。この長所、短所を総合的に判断して決断する手法をトレードオフという。生徒は地上での建築についてシミュレーションを通して理解を深めたあと、月面に建築物を建てる場合の輸送上のコスト、入手性、加工性、持続可能性の４項目について最適解を検討し、住環境の未来について自分の意見をもてるようにする。また、実際の建築で重要になる単位や材料工学についての基本的な知識を学習し、システム開発の流れを体験することで、宇宙への興味関心を深めるきっかけとしたい。

写真3－2　ディスカッションの様子

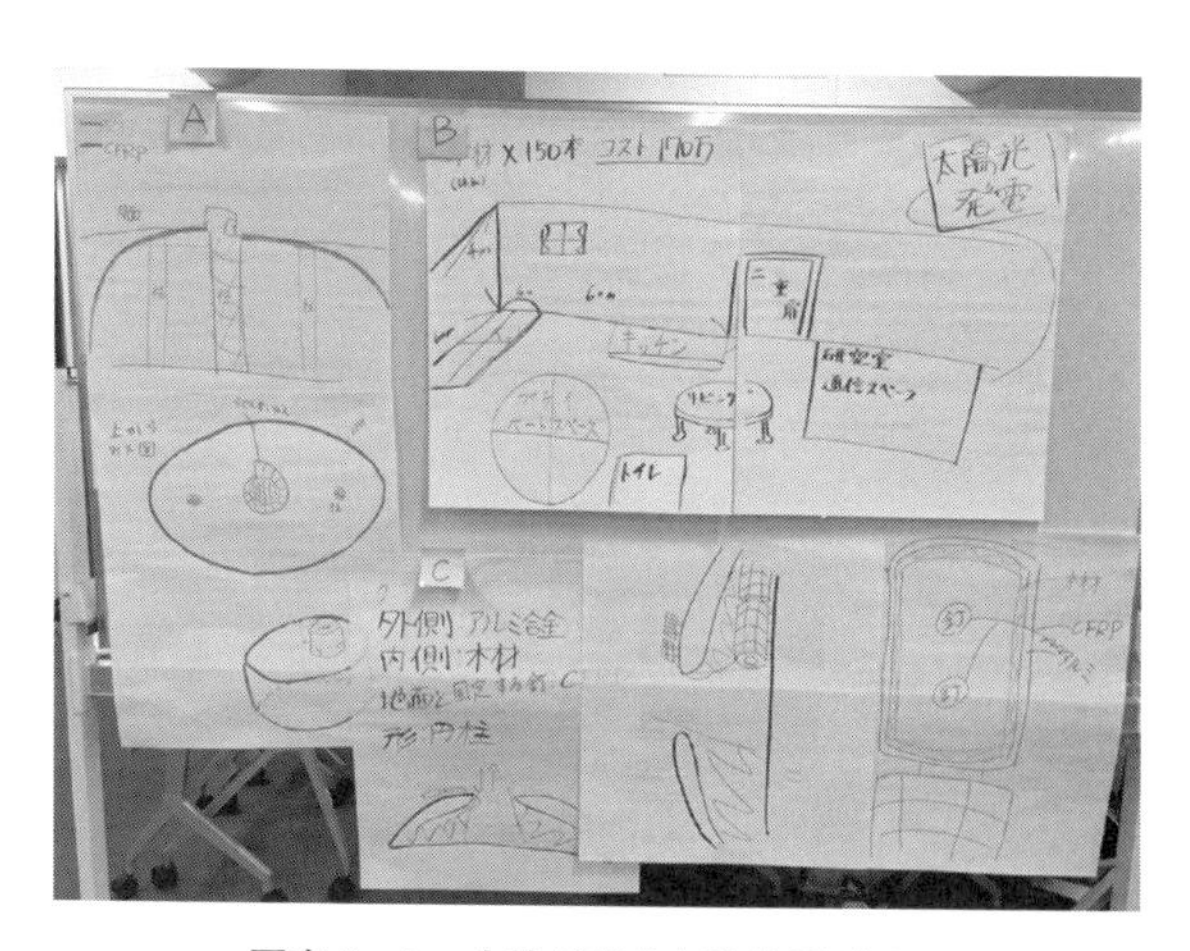

写真3－3　生徒が考えた建築デザイン

●指導上の留意点

大学の建築学科で履修するような材料工学の内容を扱うため、中学生がわかるような表現にしたり、大きなスケールを扱う宇宙についてイメージがしやすくなるような工夫を取り入れる。また、途中で生徒が活動に用いるシミュレーションは、材料工学に基づいて、結果が瞬時にレーダーチャートで表示されるように作成しているが、どのような計算式が含まれているかはブラックボックスとなっているため、興味がある生徒には授業後に個別のフィードバックを行う。

●この授業の目標

材料工学をもとに、地球上で建築する際のトレードオフの考え方についてシミュレーションを通して理解を深め、月面に建築物を建てる際の輸送上のコスト、入手性、加工性、持続可能性の4項目について生徒が最適解を検討し、宇宙での住環境について自分なりの考えをもち、他者に説明できるようにする。

●授業の評価基準

評価の観点	知識・技能【知】	思考・判断・技能【思】	主体的に学習に取り組む態度【態】

単元の評価基準	評価の方法
・ミッション1、ミッション2それぞれの要素について、授業の中で得られた知識を活用して最適解を選ぶことができる。	・ワークシートの記述。
・シミュレーションの結果と、判断基準に合理性がある。	・エクセルシミュレーションの結果をふまえ、どのような理由で最適解を導きだしたか。
・積極的にシミュレーションを実施したり、話し合いに参加している。	・班での活動。

●指導にあたっての工夫（①授業形態の工夫、②指導方法の工夫、③教材の工夫）

①授業形態の工夫

最大5人までの班を形成し、班活動を中心とすることで個々の生徒が主体的に参加しやすい環境を構築する。また、パソコンとその画面を共有するためのプロジェクターを用意し、大きな画面を見ながら班ごとに議論ができるような工夫をしている。授業の最後には、模造紙を利用し、班で考えた未来の住環境をスケッチしてもらい、全体発表で共有する。

強度を保ち、変形を抑えた設計をしよう！

材質	形状
一般構造材	角形管(100,4.0)

	Each Ability	Total Ability	最大曲げ応力[MPa]
強度	100	100	129.1
コスト	80	80	
入手性	80	80	たわみ量[mm]
加工性	80	80	9.42
		85.00	

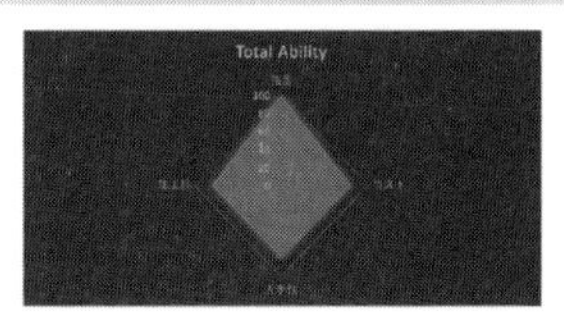

図3－1　ミッション1シミュレーション「強度を保ち、変形を抑えた設計をしよう！」

強度を保ち、コストが抑えられる設計をしよう！

材質	形状	単価
		#N/A

	Total Ability	たわみ量[mm]
強度	100	#N/A

重さ	部材コスト(万円)	輸送コスト(万円)	総コスト(万円)
	#N/A	0	#N/A

図3－2　ミッション2シミュレーション「強度を保ち、コストが抑えられる設計をしよう！」

②指導方法の工夫

授業者のほかに4名の授業補助者がいる。班活動の際には授業者が班を回って全体を見るだけではなく、班ごとに授業補助者がついて議論が潤滑に行えるような補助を行う。

③教材の工夫

地上での建築においてどのような材料を選ぶべきかを考える際、検討する4つの要素である強度、コスト、入手性、加工性について、材料工学に基づいたシミュレーションをエクセルで作成した。シミュレーションでは、生徒が材料を選ぶと、要素ごとに0から1の値が表示される。この値は、たとえば入手性であれば1に近い値ほど入手しやすいことを意味している。ひとつの要素だけではなく総合的な判断が必要であるというトレードオフについて理解を深めるために、各要素の結果をレーダーチャートで自動的に表示させ、結果の関係性を可視化する工夫をしている。生徒が選べる変数は、材料と梁（はり）の形状であり、2つの変数を変えながら、最適解を考えられるようなシミュレーションを作成した。

●授業の展開

	学習内容（○）と学習活動（・）	指導上の留意点（・）
導入 （5分）	○「宇宙に住もう！」と題し、宇宙環境、地球環境の違い（大気、温度、気圧、重力、放射線）について解説を行う。宇宙空間での住居の例として、ISS（国際宇宙ステーション）について解説する。	・生徒の学年が中学2年生から高校3年生までと幅広く、各自の既有知識も異なるため、理解度について確認しながら進める。
展開1 （15分）	○ミッション1：地球で安全な建物をつくろう 生徒には、このあとに4つの材料と5つの形状の中から、お相撲さんが乗れる安	

<table>
<tr><td></td><td>全な梁をつくれるような条件を選ぶシミュレーションを行ってもらうことを説明する。
○安全とは、①壊れにくく、②変形しすぎないことであることを、例を挙げて解説する。
○シミュレーションで選べる材料は、アルミ合金、一般構造鋼、CFRP、木材である。それぞれの使用例、特長、質量や強度、加工性や入手性について解説する。
○梁の形状は、角形管、H型をもとにした5種類（角形管（100, 2.3）、角形管（100,3.2）、角形管（100,4.0）、H形（100,100）、H形（100,50））である。それぞれの形状について解説する。
○トレードオフの関係について解説し、班ごとに最適解を考えるように促す。</td><td>角形管(100,XX)
t=2.3,3.2,4.0
100
100
H形(100,100)
100
100
H形(100,50)
100
50</td></tr>
<tr><td>ディスカッション1
（20分）</td><td>・どの材料と形状を選べば、最も強度が高くなるかエクセルのシミュレーションを実施し、班ごとに議論する。
・得られた結果について、ワークシートに</td><td>・ワークシートを配布する。
・班の中での全員が議論に参加できるように見回り、活動を支援する。</td></tr>
</table>

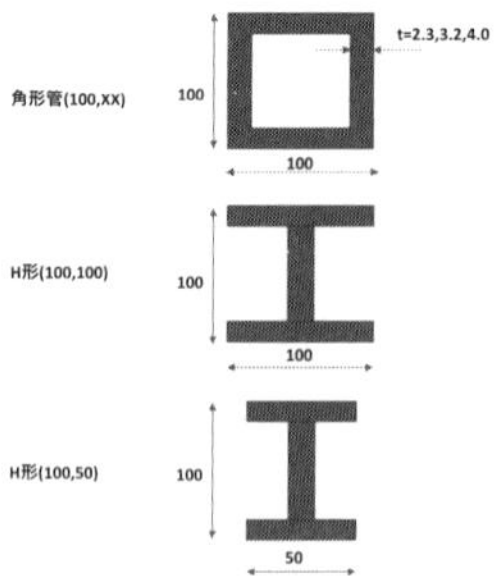

	記入する。 ○班ごとに選んだ材料と形状について、理由も含めて発表してもらう。 ・選んだ材料と形状について、班での議論をふまえて理由とともに発表する。 ○発表結果とフィードバックを行う。	・最適解は、材質：一般構造鋼、形状：角形管（100,4.0）。最適解を選ばなくても、選んだ理由との関連についてフォローする。
展開2 （15分）	○ミッション2：月の地下洞窟に家を建てよう 月で建築物をつくるという状況を想定し、材料の①入手性、②加工性、③コスト（材料費＋輸送）について考えるように促す。地上と異なる点は、輸送が必要な点である。 ○月周回衛星「かぐや」が撮影した月の映像と、月の縦孔について解説する。 ○月の縦孔内の洞窟の環境に近い南極の昭和基地では、断熱性能が高く加工が容易な木材が使用されていること、コンクリートは低温による障害があるだけでなく、現地調達が困難であることを解説する。	・ロケットで材料を輸送しなければならないこと、現地で加工する必要があることなど、輸送のイメージを具体化できるように丁寧に解説する。 ・月の縦孔は地下洞窟になっているため、洞窟内の予想される広さや放射線被ばく量（特別対策を必要としない量）、温度（平均マイナス20度、南極の昭和基地と同程度）について解説する。

ディスカッション2（20分）	○入手性、加工性、輸送コストに加え、持続可能性も観点に加え、月面での建築に最も適している材料と形状についてシミュレーションを通して班で議論させる。 ○材料と形状が決まったら、月の地下洞窟内にどのような家を建てるのか、選んだ梁の形状をもとに模造紙にデザインさせる。 ・入手性、加工性、輸送コストに加え、持続可能性も新たな観点と加え、月面での建築に最も適している材料と形状についてシミュレーションを通して班で議論する。 ・得られた結果について、ワークシートに記入する。 ・月の地下洞窟内にどのような家を建てるのか、選んだ梁の形状をもとに大型のポストイットにデザインする。	・班の中での全員が議論に参加できるように見回り、活動を支援する。 ・月面の環境や、輸送について実感がわいていないようであれば机間巡視で説明を補足する。 ・「1グラムでも軽くすること」という条件のもと、検討するように促す。
まとめ（15分）	○ディスカッション2のシミュレーションを通して選んだ材料と形状について、班	・評価項目をもとに、各班の発表を評価する。

	ごとに理由も含めて発表してもらう。デザインした絵についても、工夫点も含め発表してもらう。	・最適解は、どの観点を重視するかによって異なり、ひとつに決められないように設定されている。班ごとに、何を優先するのか、他の観点の結果は許容できる範囲なのかなどについて、どのように考えたのか、考え方を支援する。
	・選んだ材料と形状について、班での議論をふまえて理由とともに発表する。デザインした家についても、工夫点も含めて発表する。	
	・他の班の結果や理由についてワークシートに記入する。	
	○宇宙での住居環境の未来について解説する。	・宇宙での住環境や建築、輸送、トレードオフの関係などについて興味を高めてもらえるように工夫する。

●授業を行った大学生の声

私たちは、地球外移住をテーマの中心に据え、生徒の宇宙への興味関心を引き出せるようなディスカッション形式の授業を行いました。このプログラムならではの科学的客観性をもたせた議論を行えるよう、私たち大学生メンバーのひとりが専門分野としている建築物の材料工学を具体的な題材としました。授業を作成する過程で、生徒の宇宙への興味を惹きつつ客観性のある議論を展開させることの両輪のバランスをとることに注力しました。

多様な専門分野、所属大学の異なる学生が集ったチームゆえに、授業完遂までに想像以上の困難がありました。自分が知らない分野への関心と学習、チームメンバーへの信頼とコミュニケーション、そして担当任務に対する自負。制限の多い環境下で協働する経験は、唯一無二の本当の学びであったと感じています。

今回出会えた仲間たちそれぞれが、感じたことを携え、この星の上で活躍する未来を願って……

1-2　コミュニケーションをとりながら月を探査しよう

日時場所　2022年9月17、18日／東京理科大学野田キャンパス
対象　　　中学生・高校生

●指導内容

宇宙開発においては、関わる人々の綿密なコミュニケーションが欠かせない。授業の冒頭では、マーズ・クライメイト・オービターとアポロ13号の2つの具体的な事例を紹介する。また、簡単なアイスブレイキングも取り入れる。本授業では、アルテミス計画で有人月面着陸地点となっている13の候補地に注目し、その着陸地点を決定するまでのプロセスを体験できるような授業を行う。

最適地選定までの3つのプロセス「活動目的の設定」「月面領域の選定」「探査地点の選定」を、実践を通して学ぶ。「活動目的の設定」では、その活動の目的によってどんな課題が解決されるのか

（課題の抽出）、「月面領域の選定」では、環境条件の調査（月面環境調査）、「探査地点の選定」では、月面リソースの確保（候補地探査）が考えられる。

得られた情報に基づいて月面探査の最適地を意思決定できるかが授業の大きなテーマであり、ミッション1は、「活動目的の設定」と「月面領域の選定」を含んでいる。具体的には、班活動において生徒個々がもっている月面データをもとに、班でディスカッションを行う。ミッション2は、月面探査機ローバーを用い地上と宇宙に分かれた環境で「探査地点の選定」を行う。

この授業を受けることで、コミュニケーションの大切さを学ぶだけでなく、実際のアルテミス計画の動向を生徒が主体的に調べる効果も期待される。

●指導上の留意点

ミッション2では、インターネットの不具合やローバーの通信障害などが生じると、ミッションがうまくいかなくなる。また、何が起きているか生徒がわからないと、通信トラブルだけで授業が終わってしまう可能性もあるため、トラブルが起きたときの対処法や情報共有の方法について綿密に準備しておく。

●この授業の目標

班での活動を中心として、月面探査の2つのミッションを通して、人間がお互いに情報、意思、思考を伝達しあうことの難しさを体験し、コミュニケーションの大切さについて理解を深める。

●授業の評価基準

評価の観点	知識・技能【知】	思考・判断・技能【思】	主体的に学習に取り組む態度【態】
単元の評価基準	・ミッション1で割り振られた月面の一地点での環境（水資源の有無、地形、温度、放射線量、科学的背景）などについて理解を深める。	・ミッション1：割り振られた地点の環境は有人の探査が可能か、理由とともに適切に評価できる。 ・ミッション2：自分の役割を理解して、相手が必要な情報を判断し、適切に伝えることができる。	・積極的に口頭のみで相手に必要な情報を伝えようと努力している。
評価の方法	・特になし。	・ワークシートの記述内容。 ・ミッション2の達成度。	・班での活動。

●指導にあたっての工夫（①授業形態の工夫、②指導方法の工夫、③教材の工夫）

①授業形態の工夫

アイスブレイキングでは2人1組のペアワーク、ミッション1・2では1班5人での活動とした。また、ミッション2では班員5人を異なる部屋に分けて活動させるなど、多様な授業形態を取り入れている。

②指導方法の工夫

ミッション1では、各班ごとに授業補助者がつき、班での話し合い活動が潤滑になるように支援する。特に、5人にそれぞれ異なる情報を与えるジグソー法を取り入れており、全員が主体的に参加することが期待される。

ミッション2では、インターネットの不具合やローバーの通信障害などが起きることで授業が円滑に進まなくなる可能性があるため、教室ごとに担当者を決め、支援に当たる。

③教材の工夫

実際のアルテミス計画に基づき、ＮＡＳＡの公表している月面の各地点でのデータや月面査地の最適地のプロセスなどを授業の骨格として、授業が終わったあとに生徒が主体的にアルテミス計画について学びやすくなるよう工夫した。

●授業の展開

	学習内容（○）と学習活動（・）	指導上の留意点（・）
導入 （10分）	○宇宙に関する実際の事例からコミュニケーションの大切さを伝える。 ○アイスブレイキングとして、生徒は2人1組になり、それぞれ相手に見せないように授業者が口頭で伝えた図形を手元の紙に書く（たとえば太陽と星など）。次に、ペアになった生徒同士で、自分が描いた図の形や大きさを口頭のみで相手に伝え、まったく同じ図形を再現して描くことができるかどうかチャレンジする。 ・口頭のみのコミュニケーションの難しさを体験する。	・マーズ・クライメイト・オービターは失敗したコミュニケーション（単位の伝達ミス：ヤード・ポンド法とメートル法）、アポロ13号は成功したコミュニケーションの例として、それぞれのコミュニケーションの特徴を伝える。
展開1 （30分）	○月面に関する基礎知識を確認する。 ○ミッション1：資料に基づいて、月面探査に最適な地点を見つけよう！（図3-3） ・1班5人のグループを形成する。 ○NASAのデータ（https://www.nasa.gov/artemisprogram）に基づき作成された5地点の資料	・資料には温度や紫外線などの情報が含まれていて、人が活動す

	（高地、トランクリティ・アウトポスト、アリスタルカス、ファーイースタン、南極点付近）（図3-3（1））を配布し、まず個人で与えられた地点が有人探査するにふさわしいか、与えられた観点ごとに判断項目に従って判断する。 ・それぞれの観点について、与えられた評価基準に従って数値化し、判断の根拠もワークシート（図3-3（2））に記入する。 ○次に、班でどの候補地が最も適切か議論し、最も有人での月面探査に適していると考える地点をひとつ定める。 ○話し合った結果について、根拠をふまえて発表する。	る場合にふさわしいかどうか判断する。
展開2 （40分）	○ミッション2：地上と宇宙に分かれた環境で、月面探査機ローバーを操作し、どの探査地点が最もふさわしいか判断しよう！ ・このミッションで使う教室は3部屋で、「地上にいる管制官がいる部屋」「月面にいる司令官とローバーの操作者がいる部屋」「ローバーが動く部屋」に分ける。ローバーのコースは、班の数（ここでは3班）だけ用意し、班ごとに異なるジオラマコースが作成されている。このジオラマコースの地形の情報は、地上にいる管制官のみに	・各教室ごとに授業補助者がつき、トラブルが起きている場合や、生徒がミッションで苦労している場合には必要な補助を行う。また、各部屋の授業補助者同士が綿密に情報共有できる体制をとる。生徒はテレビ会議システムを用いて情報共有し、各部屋の授業補助者同士はトランシーバーを用いる。

渡す。

・図3-4に示したように、班を構成する5人のうち、1名が地球上にいる管制官としてK409号室へ、2名が月面基地にいる司令官としてK402号室へ、2名が月面探査機に乗っている操縦者としてK402号室へ移動する。

・図3-5に示したようにローバーは30センチほどの大きさで、実際に人が乗ることはできない。操縦者は、ローバーに乗って操作しているつもりでPCの操作画面を操作する。

○地球上にいる管制官は、操作地点の航空図を持っており、それをもとに月面にいる司令官に指示を出す。

○月面にいる司令官は、地球上にいる管制官からの情報を受け取る。また、ローバーに搭載されているカメラの映像と、地上の管制官から得られている地理情報を統合し、ローバーの操作者に、観測地点までの行き方について指示を出す。

○月面上にあるローバーに乗っている（つもりの）操縦者は、司令官の指示をもとにローバーを操作する。

まとめ

○ミッション2で得られた結果について、根拠をふ

（５分）	まえて発表する。 ○まとめとして、アルテミス計画など、実際の月面探査計画と結びつけ、生徒の知的好奇心につなげる。	

■地球上にいる管制官のできることと役割
・目的地までの経路がのっているマップをもっている。
・月面の司令官とのみ情報共有できる。
・司令塔とインターネットを介してＰＣでビデオ通話をしているが、管制官はビデオオフ。他の班の音声が混在しないように、ヘッドセットをつけている。
■月面にいる司令官のできることと役割
・地球上の管制官とインターネットを介してＰＣでビデオ通話を行い地図情報を得て、ローバーの操作者に情報提供をする。
・ヘッドセットをしているため、地球上の管制官の声は司令塔にしか聞こえない。
・ローバーの操作画面もＰＣ上に立ち上げられており、ローバーに搭載されたカメラの外のようす（前方のみ）が見える。

図３－３（１）　５地点の資料の一例

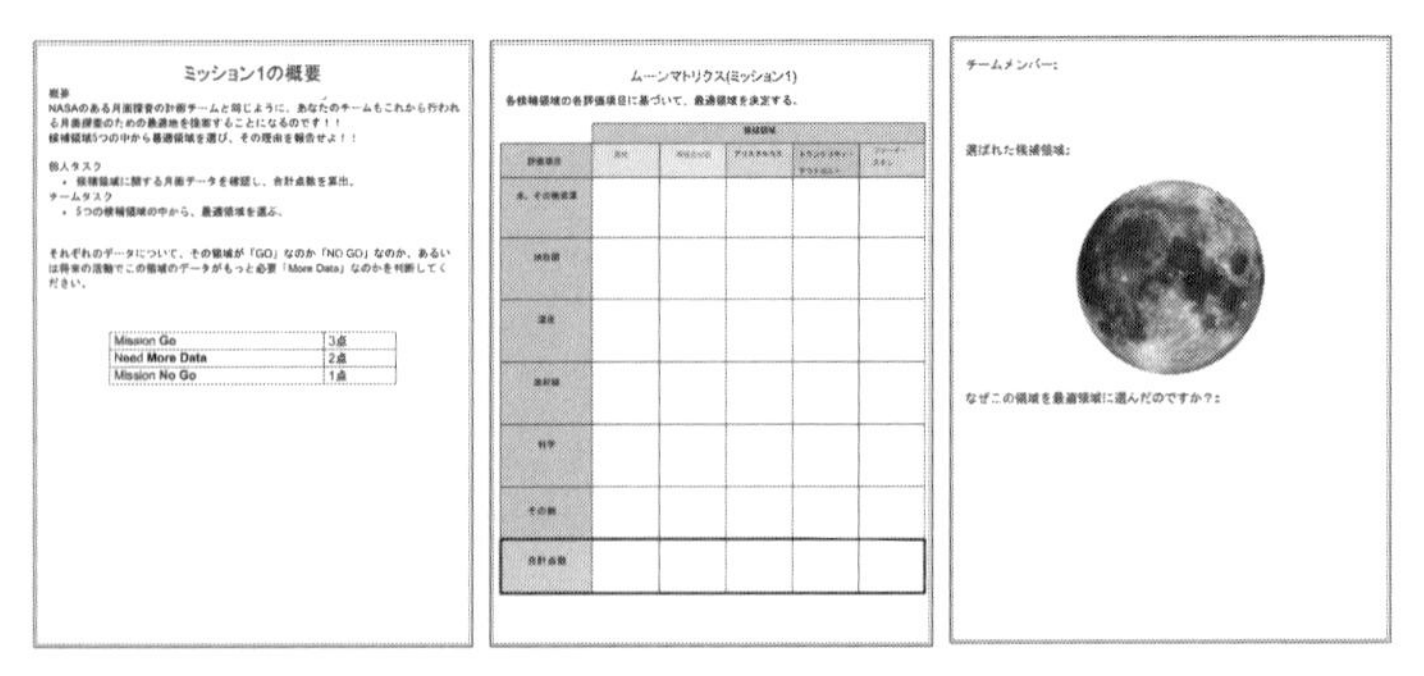

図３－３（２）　ワークシート

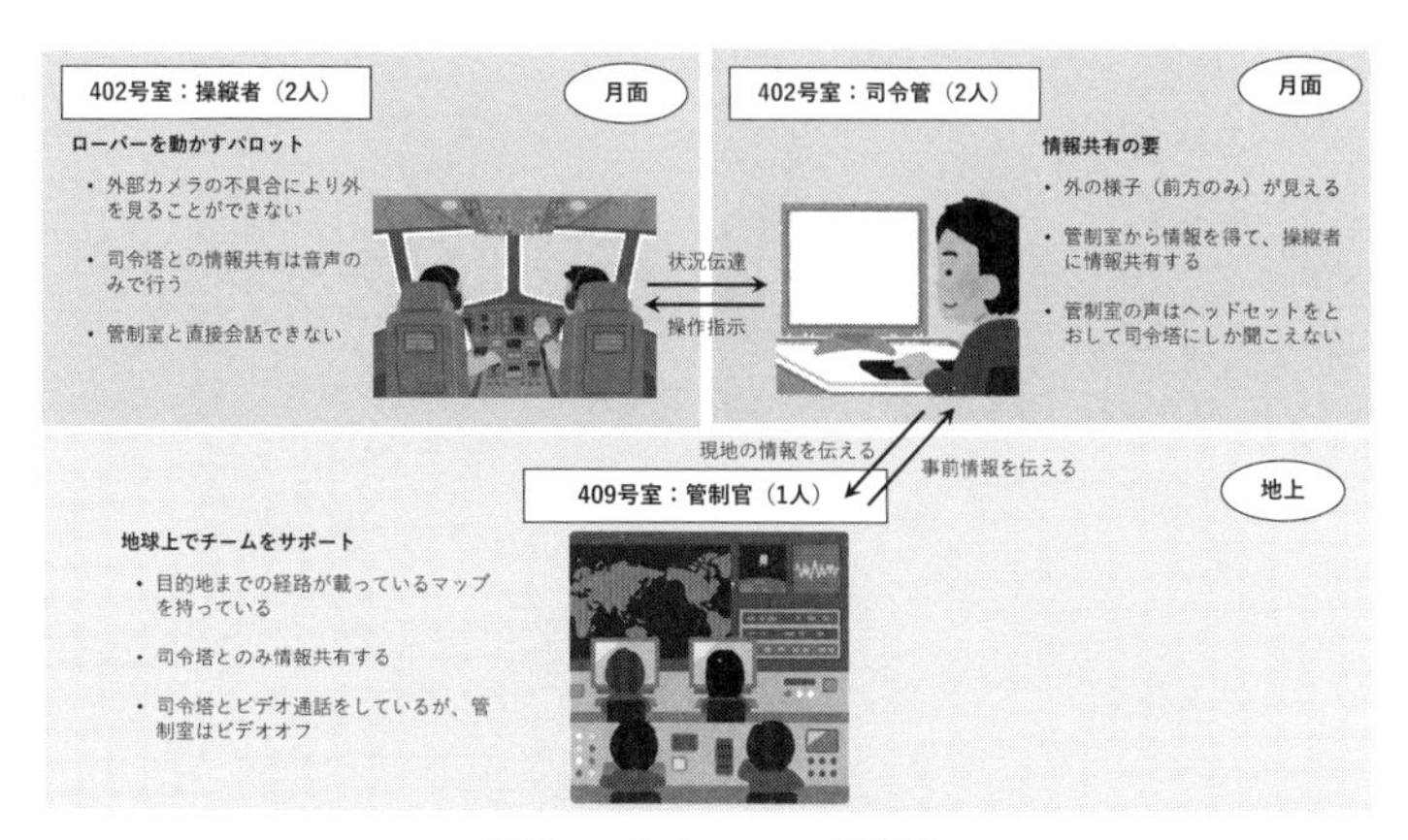

図３－４（１）　３つの役割

図３－４（２）　ミッション２の様子

司令管と管制官はヘッドセットをつけてビデオ通話している。司令官と操縦者はパーティションを挟んで向かい合わせに座り音声のみで情報伝達をしている。

図３－５　ローバー

月面の探索地点を想定し、段ボールなどで作成した障害物。手前に見える車輪が２つついたものが探査しているローバー。

■月面にあるローバに乗っている（つもりの）操縦者のできることと役割

・ＰＣにローバーの操作画面が立ち上げられている。

・ローバーにはカメラが搭載されているが、カメラの不具合により外を見ることができない（という設定になっている）。

・月面にいる司令官とは音声で情報共有ができる。（本来は月面上の別の場所にいる設定であるが、インターネット回線を使って音声通話をすると、授業としては大掛かりになる。図３-４（２）のようにパーティションを挟んで操縦者と司令官が座っているため、普通に話すと音声のコミュニケーションができる。）

●授業を行った大学生の声

私たちの班では、宇宙教育を通じて宇宙飛行士と中高生に共通する課題である「コミュニケーションの大切さ」を伝える方法を模索しました。ミッション1では、前半で宇宙飛行士がミッションを行う際にコミュニケーションがいかに重要か実例を交えて伝え、後半ではグループに分かれて資料を読み込み、月面探査を行う最適地を話し合ってもらいました。さらに、ミッション2では、参加者は管制官、操縦者、指令官の3職種に分かれて、ローバーを操縦してフィールドを探索するとともに、ゴールへの到着を目指しました。そして、最後に、成果、課題を総括しました。この目的は、3職種間での意思伝達の重要性を知ることだったので、総括の際に、「相手の立場に立った意思伝達の大切さを学んだ」という参加者の言葉を聞き、目的を果たせたと確信しました。

私たちは、今回の活動を通じて短期間で案を実現できる形にまでもっていく計画・実行力を養うことができました。一方で、明確な評価基準を模索することが課題です。今回、時間的な問題で参加者の工夫や任務の達成度合いをみる評価基準を設けることができませんでした。今後は、参加者の学習効果向上のために、評価基準を模索したいと考えています。

1-3　パラシュートで宇宙飛行士を安全に降ろそう

日時場所　2022年9月17、18日／東京理科大学野田キャンパス

対象　　　中学生・高校生

●指導内容

宇宙船の帰還時に用いられるパラシュートの開発では、命を預かるという責任が生じる。パラシュートの製作および落下実験を通して、開発者としての安全管理意識を高める。パラシュートにつながれた宇宙船（おもり部分）には加速度センサを搭載し、どのように落下したのかについて定量的に分析できるような工夫もしている。さらに、パラシュート落下実験の成否について、鉛直方向の落下地点からどの程度近くに落下したのか、落下速度はどのくらいだったのかなど複数の評価項目を設け、班ごとに競うようなゲーム性も取り入れている。

また本授業を通して、理系分野の学問的面白さを学び、学問への興味関心を高めたり、進路選択に対して幅広い視野が得られるようなものとしたい。

●指導上の留意点

パラシュート落下実験については、野田キャンパス講義棟の七階までの吹き抜け部分を使うため、7階、1階と途中階に複数人を配置し、無線で常にコンタクトを取りながら安全確保を行う。また、一階は立ち入り禁止のロープ、床面保護の養生、関係者のヘルメット着用などを徹底する。当日は生徒以外も講義棟を利用するため、特に安全管理への配慮が必要である。

●この授業の目標

安全基準を守り、落下時の減速具合と落下精度の良いパラシュートの製作および落下実験を通して、実際の宇船帰還でも用いられているパラシュートの理論的背景や技術について理解を深め、興味関心を高める。

●授業の評価基準

評価の観点	知識・技能【知】	思考・判断・技能【思】	主体的に学習に取り組む態度【態】
単元の評価基準	・抵抗を受けて落下する物体の理論を知り、パラシュート落下実験を通して体験知として身につける。	・2回目のパラシュートの製作において、1回目の結果を受けて原因を考え、改善のための工夫をすることができる。	・積極的にパラシュートの製作に取り組んだり、作製のための話し合いに参加している。
評価の方法	・パラシュートの大きさ、パラシュートにあける穴の大きさ、紐の長さなどのバランスをどう考えたか、	・2回目の落下実験の結果が1回目よりも改善されたか。	・班での活動。

議論の様子と成果物から評価する。

●指導にあたっての工夫（①授業形態の工夫、②指導方法の工夫、③教材の工夫）

①授業形態の工夫

最大5人までの班を形成し、班活動を中心とすることで個々の生徒が主体的に参加しやすい環境を構築する。全国各地から生徒が集まるイベントのため、アイスブレイキングとして惑星のイラストの入ったネームカードなどを用意し、班での活動が円滑に行えるような工夫をした。

②指導方法の工夫

授業者のほかに複数名の授業補助者がいる。したがって、班活動の際には授業者が班を回って全体を見るだけではなく、班ごとに授業補助者がついて議論が潤滑に行えるような補助を行う。

パラシュートの落下実験は班ごとに2回行い、1回目の落下実験の結果を受けて、さらに生徒が工夫を加えることができるような授業展開にした。

③教材の工夫

パラシュート落下実験では、パラシュートの形状や素材だけでなく、糸の素材、おもりの素材や大きさ、質量など複数のパラメータが考えられる。授業時間が限られているため、基本的なパラシュートの形はひとつにし、次の素材は生徒が選べるように用意した。

・パラシュート：パラソルの布、ビニール袋、断熱シート
・紐：タコ糸、テグス
なお、おもりは加速度センサーを搭載したものを用意した。

●授業の展開

	学習内容（○）と学習活動（・）	指導上の留意点（・）
導入 （5分）	○「皆さんはこれから宇宙開発者となり帰還船の製作に携わります」というテーマのもと、任務中の事故によって亡くなった宇宙飛行士、チャレンジャー事故などの例を挙げ、開発者としての安全管理の重要性について伝える。これらの事故のなかには、未然に防げた事故があることも伝える。	・亡くなった宇宙飛行士の写真、チャレンジャー事故の写真は提示するが、インパクトも大きいため動画は扱わない。
展開1 （開発20分）	○パラシュート開発1 ○安全管理項目を例示し、チェックが大切であることを説明する。 ・配布された資料に記載された安全管理項目について理解を深める。 ○パラシュートの製作方法、選択できる素材、パラシュートを落下させる際の発射装置に入れるため	

（落下実験15分）	の折りたたみ方について解説する。 ・班ごとにパラシュート製作に用いる素材を選択し、パラシュートを製作する。 ・全員で落下実験をする場所に移動する。（教室前に位置する、1階から7階までの吹き抜け部分。） ○落下のための装置の操作に関する説明、落下実験時の安全管理や手順について説明する。 ・落下実験を行う。	・生徒が規制線の中（落下区域）に入らないようにする。落下の際は、安全監督者のもと1階と7階で掛け声をあわせて落下させる。
展開2 （開発20分）	○パラシュート開発2 ○1回目の落下実験の結果を振り返ってもらう。班ごとにパラシュートの個性があるため多様な結果が表れる。パラシュートが開かないことも考えられる。うまくいかなかった原因について再考し、改善させる。 ・1回目の結果（表3-1）を受け、改善策について議論し、議論の結果を受けたパラシュートを製作する。	・パラシュート落下経験のある授業補助者が班ごとについて、各班に応じた修正案を提示する。
（落下実験15分）	○落下のための装置の操作に関する説明、落下実験時の安全管理や手順について説明する。 ・落下実験を行う。	・生徒が規制線の中（落下区域）に入らないようにする。落下の際は、安全監督者のもと1階と7階で掛け声をあわせて落下させる。

図3-6　床保護用のブルーシート（左）・1階の落下区域を囲む規制線（中央下）・落下装置（右）・生徒が作成したパラシュートが落下装置から投下される様子（中央上）

表3-1　パラシュート作成（2回目）の際、生徒が参考にした1回目の投下時における情報

（1）　加速度センサーの解析結果	具体的なツール
■ 加速度がどの程度減衰しているか（∵地上9.8 m/s²）	加速度センサ
■ 終端速度で運動している時間の長さ（s）	加速度センサ、動画
■ 着地衝撃の大きさ（m/s²）	加速度センサ
（2）　撮影動画による落下の様子	
■ パラシュートが無事展開した	加速度センサ、動画
■ 壁への衝突回数（回）	動画
（3）実際の観測	
■「目標地点⇔着地地点」の距離（cm）	実測値
■ 1回目に投下したパラシュートの状態（衝撃で破れていないか、ヒモが絡まっていないか）	成果物の観察 原因の議論と考察結果

まとめ（5分）	○各班の落下精度、加速度センサの結果などについて振り返りを行う。

●授業を行った大学生の声

私たちの班は、参加者がパラシュートを製作し、宇宙船と仮定した加速度センサを7階の高さから投下する落下実験を行いました。パラシュート開発の重要性・開発者のもつべき心持ちについて講義したあと、3グループに分かれてパラシュートの製作・改良、合計2回の投下を行い、より良いパラシュートの製作を目指してもらいました。評価は、動画による落下状況の撮影、加速度センサのデータ、着地地点と目標地点までの距離の3つの指標をもとに行いました。

今回の授業を通し、参加者の自由な発想、たとえばパラシュートの作成マニュアルにない方法でパラシュートの製作改善を行うなど、何度も驚かされました。パラシュート開発の知識がほとんどない参加者が、失敗から学び、議論を繰り返し、アイデアを形にしていく姿は開発者そのものでした。悩み、悔しがり、時に喜ぶ姿から、実践形式が初対面の参加者のつながりを強化し、多くの感情や発想を生む可能性を秘めていることを知れたのは、今回われわれが得られた最大の成果といえます。また、パラシュートの製作過程で、「失敗と試行錯誤を繰り返すことが成功につながる／開発者には命を預かる責任がある」という宇宙開発の片鱗に触れてもらうことができ、やりがいを感じることができま

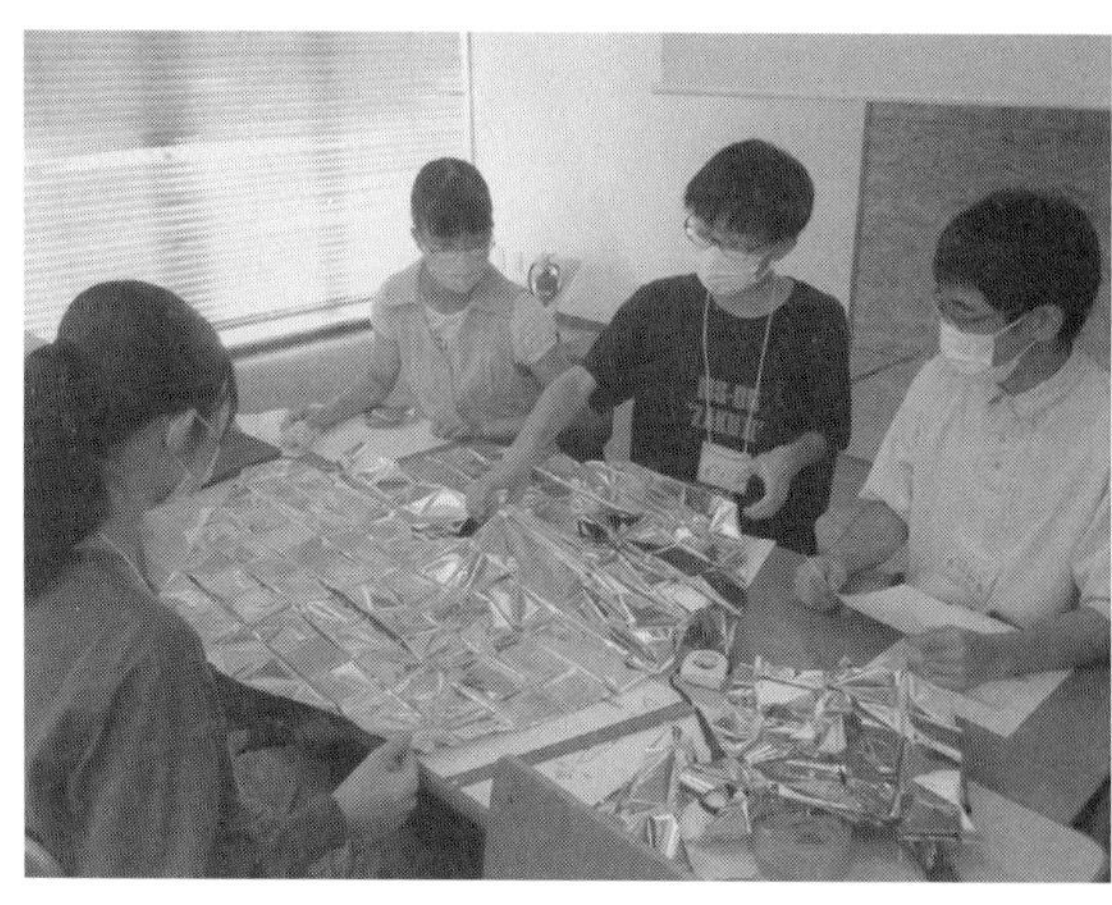

写真3－4　パラシュート製作の様子

した。

本授業のように参加者に自由な発想を求める授業形態では、柔軟に時間配分の変更が可能でありつつ、作業と休憩でメリハリをつけられるカリキュラムにする必要があると考えられます。反省点は、短い時間内で参加者自身がデータ解析を行い、発表を行う時間を確保できなかったこと、「技術者が宇宙飛行士の命を預かっている」という認識を維持した状態で授業を行えなかったことです。「技術者が宇宙飛行士の命を預かっている」という認識を念頭に置いて授業に取り組んでもらえるように、こちらの意図を効果的に伝える方法を考える必要があると思いました。

1－4　遠隔探査ロボットで未知の惑星を探査しよう

日時場所　2022年9月17、18日／東京理科大学野田キャンパス
対象　中学生・高校生

●指導内容

架空の宇宙探査が盛んな時代（2060年）を設定し、車型の探査ロボットであるローバーを使って未知の惑星に生命がいるかどうかについて探査をしてもらう。生徒たちに探査してもらう惑星は、未知の惑星「ヘローナ」である。授業は2部構成になっており、第1部は開発編として、地球上を想定してローバーの操作に慣れてもらう。パソコンでローバーの遠隔操作を行い、モデルコース上で動くスピード、向きを変える方法などを確認する。班は3班に分け、班ごとに第2部での惑星探査のために必要だと考えられる機能をカスタマイズ（たとえばカメラをつけるなど）する。第2部の探査編では、未知の惑星「ヘローナ」の近くに設置した「ヘローナゲートウェイ」に生徒たちがおり、ローバーは「ヘローナ」にある設定で遠隔操作し、惑星探査の結果、採取できたサンプルの分析や探査ミッションの振り返りを行ってもらう。

なお、授業はエンターテイメント性をもたせた演出をし、雰囲気も含めて生徒に楽しんでもらう。

図3-7　ジオラマコース上にあるローバー

●指導上の留意点

パソコンによるローバーの遠隔操作は生徒にとってははじめての経験であることが想定されるため、第1部の開発編で参加している生徒ひとりひとりが体験できるように時間配分を配慮する。また、対話型授業になるように工夫し、班の中でのファシリテーションを重視し、余計な手を加えないようにしたい。

●この授業の目標

生命の存在に必要な3要素について理解を深め、ローバーの遠隔探査を通して宇宙開発に関する興味関心を高める。また、より臨場感をもたせるために英語での交信も含める。

●授業の評価基準

評価の観点	知識・技能【知】	思考・判断・技能【思】	主体的に学習に取り組む態度【態】
単元の評価基準	・生命の存在について必要な3要素を知る。	・生命の存在に必要な3要素のうち、班で割り当てられた1要素について、ローバーの探査で得られ	・積極的にローバーの操作や話し合いに参加している。

		たサンプルをもとに、根拠に基づいて判断することができる。	
評価の方法	（該当なし）	・ワークシートの記述と論理立った発表になっているか。	・班での活動。

●指導にあたっての工夫（①授業形態の工夫、②指導方法の工夫、③教材の工夫）

①授業形態の工夫

最大5人までの班を形成し、班活動を中心とすることで個々の生徒が主体的に参加しやすい環境を構築する。ローバーの操作を全員ができるよう、タイムマネージメントをしっかりとする。

②指導方法の工夫

授業者のほかに複数名の授業補助者がいる。したがって、班活動の際には授業者が班を回って全体を見るだけではなく、班ごとに授業補助者がついて議論が潤滑に行えるような補助を行う。

③教材の工夫

生命に必要な3要素それぞれについて、未知の惑星「ヘローナ」の異なる地点で観測を行うという設定のもと、３つの別々のジオラマコースを作成する。砂利をたくさん引いたコース、発泡スチロールなどを用いて作成した雪山のようなコース、平野のようなコースなどである。資料やワークシートについても、デザイン性を高め工夫した。

●授業の展開

	学習内容（○）と学習活動（・）	指導上の留意点（・）
導入 （10分）	○未知の惑星「ヘローナ」には生命はいるだろうか？ ○2060年に、未知の惑星「ヘローナ」を探査するために調査員に選ばれた生徒であることを説明する。ミッションは、「ローバーによる遠隔探査からサンプルを採取し、生命が存在することを示せ」である。 ○生命の存在に必要な3要素は、熱源、有機物、水である。 ・生命の存在に必要な3要素は、熱源、有機物、水であることを知る。	・資料とワークシートを配布。
展開1 （35分）	○ミッション1：開発編 ○地球上でローバーの遠隔探査をしてみよう。 ・資料の説明をする。	・各班に授業補助者が2名ずつつ

	・資料に従って、次の6点を行う。参加者15人を3班に分けて、班ごとに行う。班の名前はそれぞれ、サーモ、ゾイ、ネロである。 ①探査ルートを描いてみよう ②ローバーを操作してみよう ③ローバーの車輪をカスタマイズしよう ④メンバーで役割を分担しよう ⑤ミッション経過を英語で伝えよう ⑥ミッションチェックリストをつくろう	いてサポートする。 ・ローバーを操作するジオラマコースに障害物とゴールを設置する（図3-8）。
展開2 （35分、うち探査準備10分、探査15分）	〇ミッション2：探査編 〇探査準備 ・人工拠点「ヘローナゲートウェイ」に移動する。 〇探査準備について説明する。配布資料をもとに、ヘローナの概要、生命存在の3つの要素について復習し、地形の変化とミッションについて説明する。 〇生命の存在を探るという目的の再確認と、調査方法について説明する。 〇役割分担をするように促す。 ・班内で役割分担する。役割は、探査機の操作をす	・地上編では、ローバーが見える状態で遠隔操作できたが、探査編ではパソコンを操作する場所とジオラマコースの間を覆いで囲い、操作者はローバーが見えない状態での遠隔操作となる（図3-9）。 ・展開1と展開2の間に休憩時間を設け、ジオラマコースを変更する。コースに採取してもらう

	る人、ジオラマコースの項目を確認する人、本部との連絡手段をもっている人、などである。 ○探査開始 ・ローバーをゴールへ向かわせる。 ・ミッションをチェックする。 ・ゴールしたら本部に英語で伝える。 ・本部で成分分析が完了した各班のサンプルとデータを受け取る。	サンプルを追加で置く。 ・本部と拠点とのやりとりは一部英語で行う。 ・ゴールした時点でサンプルを採取し、本部で成分分析を行ったことにする。成分のデータと採取したサンプルを生徒に渡す。
まとめ （20分）	・どのようなサンプルが採取できたか、サンプルの分析シートを見て班で考察する。 ○振り返りを班ごとに発表してもらう。 ・採取したサンプルをもとに、生命の存在について考察したことを発表する。	・班についた授業補助者は生徒が考察できるように支援する。

フィールドで用いられた材料
・ネロ…発泡スチロール
・ゾイ…砂利
・サーモ…乾燥砂利

●授業を行った大学生の声

宇宙の仕事を身近に感じてもらいたいという想いから、私たちの班は惑星探査ローバーを用いた体験型授業を行いました。

写真3－5　ローバー

参加者は、生命の痕跡のある未知の「仮想」惑星における、手がかりの発見から考察までの一連の流れを体験しました。授業は、開発編と探査編の2段階構成で行いました。

開発編では、ローバーの操作を確認したり、車輪をカスタマイズしてその性能を吟味したりしました。続いて探査編では、3つのグループでそれぞれ生命の痕跡の手がかりとなる、熱源、氷、有機物の探査を行いました。惑星の地面をイメージして作成したジオラマ上でローバーを走らせたあと、元素組成などの手がかりを発見しました。最後にグループごとに情報を共有して話し合い、生命の存在の可能性を調査するというミッションの目標を達成することができました。

授業を通して、参加者が普段の学校生活では味わえ

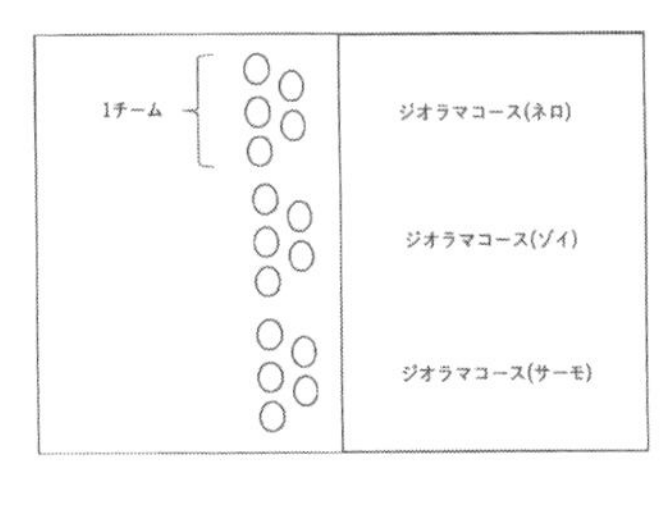

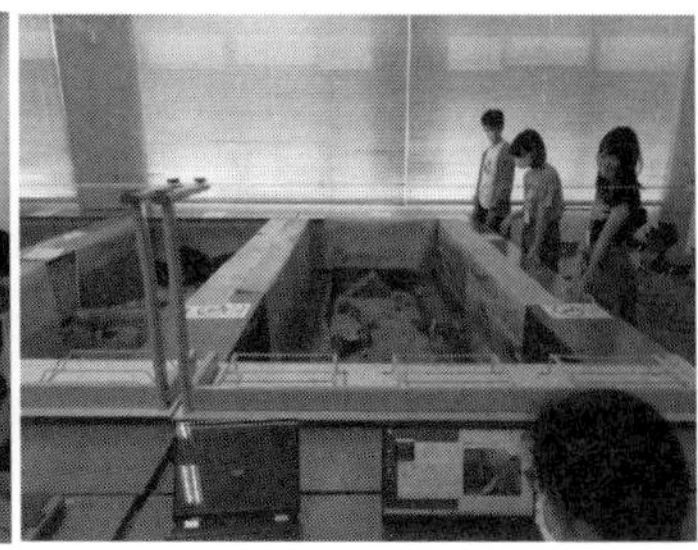

図3－8　開発編の様子

（左上）３班分のジオラマコースと班の生徒が操作する場所の概念図。

（右上）生徒側から見た写真。ジオラマコースの説明を聞いている。

（左下）探査コースの様子をワークシートにスケッチしている。

（右下）手前の卓上にPCが置いてあり、生徒がローバーの操作をしている。ジオラマコース（サーモ）を生徒側からみた写真である。操作している生徒からは、ローバーの走るジオラマコースを見ることができる。コースは３本あり、一番右側にあるコースを走るローバーを生徒が並んでみている。

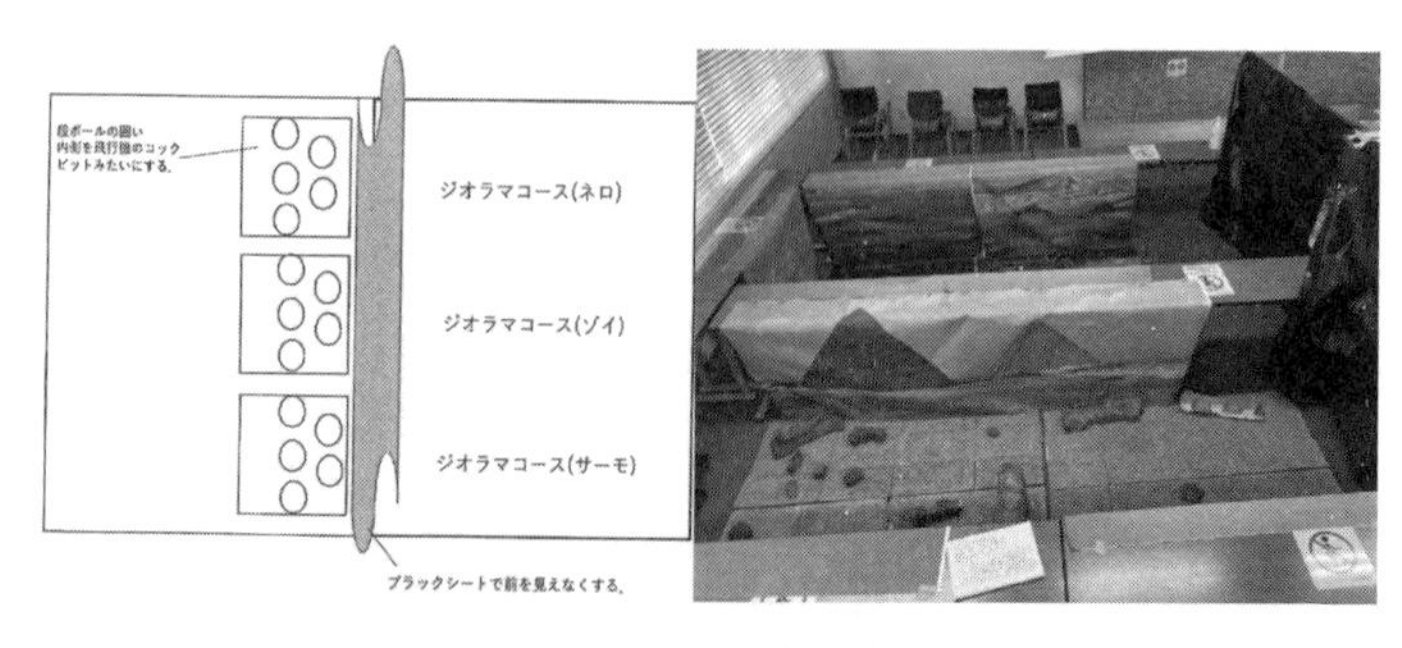

図3-9　探査編の様子

（左上）３班分のジオラマコースと班の生徒が操作する場所の概念図。

（右上）開発編との違いは、操作する生徒とジオラマコースの間にブラックシートがあり、操作者からローバーが見えないことである。操作するPCが置かれている場所は段ボールで覆われており、飛行機のコックピットのような雰囲気にしてある。この写真は、ジオラマコース（ネロ）側から撮影されており、ゾイとサーモのコースが映っている。写真には写っていないが右側に操作用PCが置かれている。

（左下）生徒側から班ごとにPCの画面を見てローバーによる遠隔探査をしている様子。

（右下）ミッションを終え、拍手している様子。

ない非日常的な学びの体験を与えることができたと思います。授業を実践してみて、ローバーを操作することが楽しかった、大学生のサポートのおかげで探査の理解が深まった、というような生徒の声がありました。生徒が積極的に取り組んでくれる姿を見て、私たちもよりいっそう良い授業を作り上げたいという刺激をもらいました。今後の教育、教材づくりに活かしていきます。

第2節　学校現場での実践

第2節では学校現場で行われた宇宙教育プログラムの実践例を4つご紹介いたします。2-1と2-2で紹介する実践は、駒込高校で実施され、2-3と2-4で紹介する実践は聖学院中学校で実施されました。

2-1　スペースデブリの課題とその改善

日時　2023年2月19日
対象　高校1年生から2年生30名程度

●指導内容

現在地球周辺に大量に存在しているスペースデブリについて、その問題点や現在考案されている対応策について、具体例を示しながら講義を行う。また、スペースデブリの除去に欠かせないランデブーをシミュレーターで体験してもらい、周回軌道を体感的に理解してもらう。さらに、今後のスペースデブリ対策についてのグループワークも行ってもらう。これらの活動を通し、生徒には、持続可能な宇宙開発について考えてもらう。

●指導上の留意点

ランデブーのシミュレーターは、地球の周りを物体が回っているという周回軌道について深く理解していないとうまく操作できない。事前に軌道についての解説はするが、生徒がシミュレーターを操作し、挑戦、失敗、フィードバックという過程を何度か体験したあとに、操作が何を意味しているのかについて補足説明をすることで、生徒の「気づき」を促したい。また、裏テーマとしてＳＤＧｓを設定しており、宇宙でのデブリ問題は地上での問題でも共通して考えられることがあることを、まとめの際に言及する。

●この授業の目標

スペースデブリの現状とその問題点を整理し、スペースデブリ除去の必要性を正しく認識したうえで、現在検討されている除去の方法を知る。その一例として、デブリの捕獲を念頭に置いたシミュレーションの演習を行い、その難しさについても理解を深める。そのうえで、現在検討されているデブリ除去のメリットとデメリットを整理し、デメリットを解決できるような自分たちなりのスペースデブリ除去法をグループで考え、図にまとめ、発表する。以上の活動を通し、宇宙開発にともなう課題を認識し、「持続可能な宇宙開発」という視点をもてるようにする。

●授業の評価基準

評価の観点	知識・技能【知】	思考・判断・技能【思】	主体的に学習に取り組む態度【態】
単元の評価基準	・地球の周りの軌道を回っている物体を加速させたり、減速させたり、上下の向きを変えるとどのような軌道を取るかなどについて理解する。 ・宇宙空間についての正しい知識を用いて話し合いができる。	・現在のデブリ除去の方法をふまえ、オリジナリティのあるアイデアを出すことができる。 ・班内の意見を客観的な指標を用いて評価することができる。	・積極的にシミュレーションを実施したり、話し合いに参加したりしている。
評価の方法	・ワークシートの記述。 ・シミュレーションの操作。 ・話し合いの観察。	・話し合いの観察。	・班での活動。

●指導にあたっての工夫（①授業形態の工夫、②指導方法の工夫、③教材の工夫）

①授業形態の工夫

各班4人程度に分け、用意したパソコンを用いて全員が1回はシミュレーターを操作できるようにする。また、話し合いの際に模造紙を配布し、自分たちが考えるスペースデブリ除去の方法について、図を用いて説明してもらう。授業内では適宜図や数値などの資料配布を行う。

②指導方法の工夫

授業補助者を各班に配置し、議論やシミュレーターの補助を行う。

③教材の工夫

スペースデブリ除去の方法は大きく分けると、（1）デブリへの接近と（2）デブリの除去である。授業では、（1）をシミュレーターによって、（2）を話し合いで取り上げられるようにした。シミュレーターは東京理科大学の木村真一教授が開発したランデブーシミュレーターを使用しており、ランデブーする目標のデータは国際宇宙ステーション（ＩＳＳ）である。ＩＳＳの画像データを、廃棄された人工衛星（という設定の人工衛星の3Ｄデータ）に差し替えることも検討したが、ＩＳＳほどの大きな物体であってもランデブーすることが難しいことを体験してもらうことによって、破棄された人工衛星など実際のデブリではもっと難しいことも学べる可能性を考慮し、ＩＳＳとのランデブーを用いることとした。

シミュレーターは噴射（加速）と逆噴射（減速）の2つのボタンと噴射量のレバーのみで直感的に

操作できるようになっているが、正しく扱うには周回軌道についての正しい理解が欠かせないようになっている。また、話し合いの際は模造紙に内容を書き留め、そのまま発表できるようにする。

●授業の展開

	学習内容（○）と学習活動（・）	指導上の留意点（・）
導入（15分）	○スペースデブリについて数の経年変化やその問題点についてまとめ、講義形式で伝達する。そのなかでデブリ除去の可能性について言及する。	・生徒にわかりやすいようにするため、スライド以外にも適宜、図や数値をまとめた資料を配布する。
展開1（30分）	○ランデブーシミュレーターを用いてデブリ除去のためのデブリへの接近を体験する。 ・1人1回はシミュレーターを行う。 ・噴射、逆噴射の数値とランデブー成功にかかった時間を毎回記録し、最適値を見つける。	・各班に授業補助者を配置し、シミュレーターのトラブルに対応できるようにする。 ・地球周回軌道についての講義を間に挟み、物理を学んでいなくても噴射と逆噴射のみで軌道上のデブリに接近できる原理を知ってもらう。
展開2（10分）	○デブリ除去は、接近するだけではなくその後どのように除去するかという方法も検討する必要があ	・生徒にわかりやすいようにするため、スライド以外にも適宜、

	ることを伝え、現在検討されている除去の方法とそのデメリットについて講義を行う。	図や数値をまとめた資料を配布する。
ディスカッション（25分）	〇現状のデブリ除去の方法をふまえ、その課題を解決できるようなデブリ除去の方法を考えさせる。 ・考えた案について、そのメリット、デメリットを班内で検討する。 ・考えた案を、模造紙を用いて発表する。	・班の中で全員が議論に参加できるように見回り、活動を支援する。 ・客観的な判断基準をもって検討することができているか適宜確認する。
まとめ（10分）	〇持続可能な宇宙開発についての講義を行う。 〇視点を地球に移し、今日検討した内容からＳＤＧｓにつながる要素があることを伝える。	・デブリを「除去する」だけでなく「新たに生み出さない」ようにするにはどうするか、ということを伝え、現在の各国の基準などを説明する。 ・ＳＤＧｓの17の目標のうち、特に「12　つくる責任つかう責任」に関わることを重点に置いて説明する。

写真3－6　授業の様子(1)

写真3－7　授業の様子(2)

●授業を行った大学生の声

まずはチームとしての活動という点において、しっかりとした役割分担のもとに行えたと思います。たとえば、準備の段階では、各人の得意な分野をふまえ、明確に役割を分けて行うことができました。また、当日の実践でも役割を事前に分担し、それを全体で共有しておくことで、直前での人数変更にも対応することができました。

また、宇宙に関する教材作成という点では、チーム始動から一貫したテーマをもって作成することができた点や、時間配分をしっかり定め、そのなかで各活動の内容を充実したものにできたことが非常に有意義だったと考えます。特に、後半のグループワークでは、模造紙を活用して自分たちの意見を図にして説明することで、生徒の主体的な活動を促し、活発なグループワークが行えていたと考えます。

最後に、今回の実践の全体を通し、班員それぞれが自分の得意分野を活かして活動に参加できたと同時に、これまで触れてこなかった分野に触れることができたという点において、自分たちの成長にもつながっており、今回の実践は非常に有意義なものであったと考えます。

2-2　迷ったとき　人は宇宙（そら）を見上げる

日時　2023年2月19日
対象　高校1年生から2年生30名程度

●指導内容

この授業は、天文学のなかでも位置天文学と呼ばれる天体の位置情報と測地学という古典的な天文測定・航法を用いて、天体の動きや見え方と位置情報との関連から天文分野における方位概念を育むことをねらいとする。

授業ではまず、道具を使わずに手を用いて星の高度を測り、推定位置を割り出す。さらにより正確な推定位置を割り出すために、六分儀を用いて星の高度を測定する。最終的に、天体の位置やその動きの正確な観察結果の記録、分析、地上の位置との関連を紙面上で可視化し、どの程度の精度で測ることができたのか、なぜ誤差が生まれたのかを考える授業を行う。

指導に当たっては、無料の星座アプリを用いて教室内に星空をつくることで生徒が疑似的に天体を観測できるようにした。また、星の膨大な位置情報データと計算式を導入した表計算ソフトでの解析による指導法を開発し、他の教科の単元での活用にも広げられるような工夫をした。

●指導上の留意点

正しい情報を生徒に伝えるために、天文航法の基礎知識や六分儀の測定方法を現役の海技士にご協力いただき教材を作成した。実際の天文航法でも使われる六分儀と天測暦を用いて、より本物の測定に近づけている。六分儀を用いた天文航法では、高校1年生が未履修の三角関数を使うだけでなく、90分間では習得不可能な複雑な計算を要することから、星の膨大な位置情報データと計算式を導入した表計算ソフトを事前に準備した。

●この授業の目標

・宇宙飛行士も習得が求められるとされる、天文航法の手法を正しく理解し、測定結果の解析から、天文学者をはじめとした研究者の実験・解析手法を学ぶ。
・実験値と標準値の比較から、天体に関する正しい理解と好奇心を高める。
・測定結果に対して自分なりの考察をもち、他者に論理的に説明できるようになる。

●授業の評価基準

評価の観点	知識・技能【知】	思考・判断・技能【思】	主体的に学習に取り組む態度【態】
単元の評価基準	・六分儀を適切に使用し、正確な測定ができる。	・測定結果に対し、自身のもつ自然科学的知識から考察が行える。	・意欲的に測定に貢献し、自身の意見を他者にわかりやすく説明できる。
評価の方法	・測定結果（ワークシートに記述）と標準値（事前に授業補	・測定結果と自身の知識をもとに、信憑性のある考察ができて	・全体に向けた結果発表 ・班での活動。

	助者が計測）との比較。	いるか。	

●指導にあたっての工夫（①授業形態の工夫、②指導方法の工夫、③教材の工夫）

①授業形態の工夫

最大5人までの班を形成し、班活動を中心とすることで個々の生徒が主体的に参加しやすい環境をつくる。また、個々に測定する星を割り当てることで、責任感をもって慎重な測定活動を行えるように工夫している。

測定を行うにあたり、具体的なストーリーを設け、授業補助者も役を演じることにより、生徒の没入感を高め意欲的に楽しんで活動できる雰囲気を作り出す。

②指導方法の工夫

各班に測定方法を熟知した授業補助者を付け、測定が円滑に行えるように補助を行う。

六分儀を用いた計測の前に、手を使った天文航法を試みてもらう。2つの測定方法で得られた結果の差から、正しい道具を使用することの重要性を説く。

③教材の工夫

・ホンモノの六分儀、天測暦を使用することにより、ほかではできない体験を提供できると同時に、実際の研究者や航海士が行っている測定を追体験できるようにした。

・天文航法で用いられる複雑な計算を、事前に表計算ソフトに計算式を組み込んでおくことにより、生徒が解析に要する時間を短縮し、得られた結果をもとに思考をめぐらせる時間を設ける。
・タブレット端末用の無料アプリであるStar Walkを用い、実際の地点のある時刻の星空をプロジェクターを用いて教室内に投影し、測定位置と高さを定めた。これによって、室内という非無限遠の環境かつ、プロジェクターで投影する歪みのある星空の画像でも、天文航法を扱うことを可能にした。事前に標準値となる測定結果を測定しておくことで、生徒の測定結果の正確性を評価できるようにした。

●**授業の展開**

	学習内容（○）と学習活動（・）	指導上の留意点（・）
導入 （10分）	○生徒は遊覧飛行をしているという設定のもと、事故が起きて墜落してしまい、現在地がわからないというストーリーを演劇を交えながら説明する。 ・風景写真からでは現在地が特定できないこと、ある時間に見える星がわかれば、地球上のどこにいるかおおよその位置が特定できることを学ぶ。	・演劇を交えて生徒の関心と学習意欲を誘う導入を行う。 ・生徒に疑問を投げかけ、自身で考察するように誘導する。 GPSも故障しているため、星空を頼りに現在地を特定しなければいけないという必然性を伝える。

	・3つの星の位置がわかれば、自分の位置がかなり精度よく決まることを学ぶ。	・ワークシートを配布する。
展開1 （35分）	ミッション1：手を使って3つの星の高度を求め、天文航法で位置を特定しよう ○手を使って北極星の高度を求める。 ・教室内のプロジェクターで映し出された北極星（タブレット端末用の無料アプリ Star Walk を活用）の高度を1人ずつ求め、ワークシートに記入する。 ・班で活動を行い、北極星の高度の平均値を求める。 ○アルタイル、カフの高度について、班活動で手を使って測定し、班員全員の平均値を求める。 ○得られた3つの星の観測高度の平均値を、事前に準備された表計算ソフトの入力欄に入力し、算出された修正差と方位角をワークシートに記入させる。 ○クラス全体で、ワークシートにある天測位置決定用図を用いて誤差三角形を描く演習を行う。	・全員が正しく測定できているか留意する。 ・天測位置決定用図の作成は難しいため、授業者がプロジェクターで図を黒板に写し、どのように誤差三角形の図を描くか実演しながら、生徒には自分の測定値をもとに描くように指導す

		る。 ・墜落地点の大まかな緯度は35度とする。
展開２ （25分）	ミッション２：六分儀を用いて３つの星の高度を求め、天文航法で位置を特定しよう ○六分儀を用いた星の高度の測定方法について、実物を用いながら説明する。 ○六分儀は３つしかないこと、代わりに補助的にタブレット端末用の無料アプリSextant Emulatorを用いて高度が測定できることを説明する。 ・班に分かれ、六分儀を使って天体（北極星、アルタイル、カフ）の高度を測定する。 ・表計算ソフトに測定結果を記入し、それぞれの星の高度の平均値、修正差、方位角を求める。その結果をワークシートに記入する。 ・表計算ソフトで得られた解析結果をもとに、ワークシートの天測位置決定用図を用いて現在の位置を見積もる。 ・手を使うよりも六分儀を用いたほうが精度良く測定を行えることを、得られた誤差三角形を比較することで認識する。	・六分儀の測定方法とアプリの使用方法の補助資料を配布する。 ・１人が六分儀で測定している間、他の生徒はタブレットのアプリを用いて観測をするように促す。 ・どの程度、観測の精度が上がったかは、ワークシートの誤差三角形の大きさで判断できる。

展開3（10分）	○墜落地点を特定する。 ○六分儀を用いた測定では、結果を入力した表計算ソフトに、推定の緯度と経度が算出されるようになっている。班ごとに測定結果を発表してもらい、どの範囲に位置が特定されたのかを説明する。 ・おおよその位置の緯度と経度を決め、google mapを用いて、具体的な位置を特定する。	・事前に表計算ソフトに入力しておいた位置（墜落地点）は生徒の所属している高校である。
まとめ（10分）	○天文航法は古典的であるが、現在のGPSでの位置特定も基本的な原理は同じであることを伝える。 ○天文航法で自分のいる場所の情報が得られることを理解したうえで、今後星を見てみてほしいと伝える。	

●授業を行った大学生の声

私たちの班では、天文学のなかでも位置天文学と呼ばれる、天体の位置情報と測地学という古典的な天文航法を用いて、星の高度と位置情報との関連性から自分のいる位置を特定できる仕組みを理解することを目的としました。具体的には「星座アプリ」での天体観測、「星の膨大な位置情報データを導入した「Excel」を用いた解析を行いました。授業の前半では道具を用いずに手を使って星の高さを測り、後半ではより正確な推定位置を割り出すために六分儀を用いて星の高度を測定しました。最

写真３−８　授業の様子（１）

写真３−９　授業の様子（２）

終的に、恒星の高度の観察結果の記録・分析から自分のいる位置を紙面上に可視化しました。

　この授業を通して、恒星を観測するだけの部分的な観察をもとに、地球全体における位置を把握できるように指導することは大変難しいということを実感しました。さらに、緯度・経度の導出過程に生じる生徒からの疑問に、その都度フォローできるような体制を整え、より深い理解を促す授業を行う必要があると感じました。

2-3　生命が存在可能な惑星の条件とは

日時　2023年2月18日
対象　中学2年生から3年生30名程度

●指導内容

　地球温暖化によって、地球が近い将来人類の住めない惑星になるのではないかと危惧されている。本授業では、生命が存在できるハビタブルゾーンに着目し、太陽からの距離と惑星の光の強度を測定する実験を通して、地球の大切さと火星移住のための条件について理解を深める。

●指導上の留意点

　太陽系に関する基本的な天文分野の学習は中学3年生で扱うため、中学2年生は惑星についての知識に個人差が大きいことが考えられる。知識がなくても授業内容がわかるように、丁寧に説明を行う。また、中学校理科の学習範囲を超えた内容も扱うため、生徒の理解度を確認しながら授業を進める。

●この授業の目標

生命が存在する条件が複数あり、その条件を満たす難しさを理解する。授業の前半では、太陽に見立てたＬＥＤ電球からの距離の違いによる光の強度の変化を測定し、距離の2乗に反比例して光の強度が弱くなること、太陽から離れた惑星では表面温度が低くなることを実験を通して学ぶ。後半では、火星のテラフォーミング（terraforming：地球のように人類が住める環境を他の惑星に作り出すこと）を例に挙げ、どうすれば実現可能か、班での議論を通して困難さを学ぶ。最後に、地球という環境が生命にとって特別な環境であることを理解し、保全することの大切さや、困難であっても宇宙を開発、探査することの必要性についても考える機会としたい。

●授業の評価基準

評価の観点	知識・技能【知】	思考・判断・技能【思】	主体的に学習に取り組む態度【態】
単元の評価基準	・生命が存在する条件について説明できる。	・実験結果から、光の強度と温度のつなが	・積極的に実験や議論に参加できるか。

	・恒星からの距離と光の強度、温度の関係について説明できる。	りを理解し、生命維持できるかどうかの観点をもつことができる。 ・火星をテラフォーミングする方法について、知識をもとに議論することができる。	
評価の方法	・ワークシートの記述。	・班での活動やワークシートの記述。	・全体に向けた結果発表 ・班での活動。

●指導にあたっての工夫（①授業形態の工夫、②指導方法の工夫、③教材の工夫）

①授業形態の工夫

最大４名までの班を構成し、ひとりひとりが実験や議論に寄与できる環境をつくる。

②指導方法の工夫

前半は実験を通して、太陽系の惑星について理解を促す。後半は現在計画されている火星のテラフォーミングを題材に移住の困難さや宇宙開発の意義、地球環境の保全の重要性について議論を中心に考えを深めさせる。

③教材の工夫

惑星の温度は主に太陽からの距離、恒星のエネルギー密度、温室効果ガスの3つに依存する。実験では、太陽に見立てたLED電球からの距離に応じて、光の強度がどのくらい変わるかセンサを用いて測定し、結果をグラフにまとめさせる。実験結果から、惑星が受け取る光の強度は距離の2乗に反比例するとわかる。

太陽系の惑星が太陽からどの程度離れているのかは、中学3年生で学ぶ内容であるが、実験を通して学ぶことはほとんどない。光の強度が距離の2乗に反比例することは、中学校理科の学習範囲を超えるが、実験を通して学ぶことで、生命が生きていける環境について、生徒が考えを深められると考えられる。

●授業の展開

時間	学習内容（○）と学習活動（・）	指導上の留意点
導入 （10分）	○有人火星探査に興味を示している著名人を例に挙げ、火星に住めるのかという問題提起を行う。 ○動物や人間が生きていくために必要な条件は何か説明する。 ・動物や人間が生きていくために必要な条件につい	・ワークシートや授業資料を配布する。 ・中学2年生と天文分野をすでに学んだ3年生では知識に差があるため、丁寧に説明する。

	て考え、ワークシートに記入する。また、発表して意見を共有する。 ○生命が存在する惑星に水が必要であること、水が液体として存在するためには厳しい条件があることを理解する。 ○ハビタブルゾーンについて説明する。 ・生命が維持できる惑星の条件について理解を深める。	
展開１ （35分）	○太陽からの距離の違いによって惑星にはどのくらいの光が届き、どのくらいの表面温度になるか考える。 ・太陽に見立てたＬＥＤ電球と光の強度を測定するセンサを用い、太陽系の惑星に届く光の強度を距離の関数として測定する。	・班ごとに授業補助者がつき、実験内容と太陽系が結びつくように支援する。

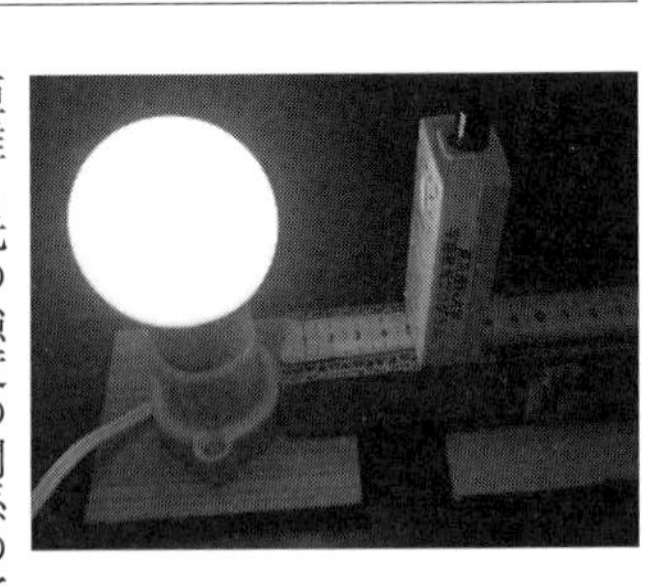

・距離と光の強度の関係の実験結果をもとに、ワークシートにグラフを記入する。
・光の強度が、太陽からの距離の2乗に反比例することに気づく。
・光の強度は、温度という観点につながることに気づく。
○光の強度が、太陽からの距離の2乗に反比例する原理について、演示実験を交えながら説明する。
○光の強度は、温度という観点につながることを説明し、金星、地球、火星の推定の表面温度を示しながら、太陽からの距離の2乗の反比例にはなら

	なさそうなことを説明する。 ○その要因として、惑星での大気の有無や温室効果ガスについて説明する。	
展開2 （30分）	火星のテラフォーミングについて考えよう。 ○テラフォーミングとは、地球のように人類が住める環境を他の惑星に作り出すことであることを説明する。 ○火星のテラフォーミングのためには、火星の大気の再組成と、大気の保温効果による気温の上昇を引き起こす必要があることを説明する。 ・大気の再組成と保温効果について、与えられた選択肢の長所短所を班で議論する。 ・班で話し合った結果について発表する。	・①工場をつくり二酸化炭素をつくる、②他の生物を先に移住させる、という選択肢を与える。他の方法を思いついた班があった場合は、適宜補足する。 ・火星がどのような惑星なのか知識がないと議論がうまく進まないため、班ごとに授業補助者がつき、議論を活性化させるために必要な知識を補足説明する。
まとめ （20分）	○現在考えられている火星のテラフォーミングの方法について解説する。 ○ハビタブルゾーンの話に戻り、火星に住むために	

はかなり困難があること、地球が、いかに生命が生きるために特別な環境であるかということについて説明する。
○地球環境を保持することと並行して、火星などの地球外の惑星への移住に向けて宇宙開発が続けられていること、宇宙開発の結果として得られた成果が地球で役立つことについて解説する。

●授業を行った大学生の声

私たちの班は授業の主題を「地球を大切に、そして宇宙進出の夢をもとう」としました。これに基づき授業は、「地球の希少価値の再認識」、「他惑星のテラフォーミング」を惑星科学の視点から構成しました。

前半は、太陽に見立てたＬＥＤ電球と光センサを用いてハビタブルゾーンを推定する実験を行いました。また、太陽からの距離により算出される惑星の温度と実際の温度の差異について、温室効果ガス等の観点から考察を行いました。後半は、地球と火星を比較し、火星のテラフォーミングについてディスカッションを行いました。ここでは「火星の気温を上げる方法」について、より良い解決策の提案、発表を行いました。自身の柔軟な発想を他者に伝える能力が高い生徒が多く、盛り上がりを見せました。

写真3-10　授業の様子(1)

写真3-11　授業の様子(2)

長期の準備期間の中での計画や実行は、私たちにとって大きな課題でした。各班員が目指す授業の方向性が異なり、時に議論は難航しましたが、他班の方々の力添えもあり、無事に授業を実践することができました。今回の経験を活かして、今後は分野を横断した柔軟な発想をもち、またチームマネジメント力を高めていきたいです。

2-4 データを価値ある情報に――JAXAの画像解析ソフトを用いて、衛星画像から地球規模の問題を分析する

日時　2023年1月14日
対象　中学2年生から3年生30名程度

●指導内容

第二次世界大戦後、人工衛星が多く打ち上げられるようになり、ここ半世紀でリモートセンシング技術は身近で日常に不可欠なものとなった。また、多くの職業でデータ解析は切っても切り離せないものとなっている。

本授業では、将来宇宙に関わる職業が選択肢のひとつになりうる生徒たちに、画像解析の体験を通して、リモートセンシングの重要性を伝える。授業では、人工衛星により撮影された地球の過去と現在の画像を、班ごとに解析する。授業の最後には班ごとに解析結果を発表してもらい、比較すること

で結果や考察の違いについて生徒が理解を深め、よりよい解析を行うにはどうすればよいのか、改善のための議論を行い、画像解析における一連の流れを体験できるようにする。また、研究・開発において成果の報告は必要不可欠なものとなっているため、解析後に成果発表の時間を設けた。人工衛星から得られた画像の解析により、広い意味での宇宙開発の一端を体験することで、さらに宇宙への関心を深めてもらう。

●指導上の留意点

生徒は使用したことのないソフト（衛星画像教育用ソフト「ＥＩＳＥＩ」）を用いて解析を行うことになるため、進捗状況や理解度を把握しながら、確実に伝わるように丁寧に説明する必要がある。

＊衛星画像教育用ソフト「ＥＩＳＥＩ」
日本宇宙少年団が提供する無償のソフトウェアで、さまざまな衛星画像を、そのファイル形式などを意識せずに簡単に閲覧し解析できる。

●この授業の目標

ＥＩＳＥＩを用いた画像解析と班での議論を行っていくなかで、試行錯誤を重ね、結果をわかりやすくするための方法を生徒自身が見つけられる。また、人工衛星による画像撮影の利点を体系的に理解し、それらをどのように活用できるかについて他者に説明できるようにする。

●授業の評価基準

評価の観点	単元の評価基準	評価の方法
知識・技能【知】	・光の3原色、混色について理解し、画像解析の色合成ができる。	・ワークシートの記述。
思考・判断・技能【思】	・画像解析の色合成で得られた結果をもとにして、経年変化でどのようなことが起こったのかを説明できる。 ・画像解析の演習2つを終えたあとに、火山の災害時にどのように人工衛星をどのように利用するべきか考察し、自分の考えを述べることができる。	・ワークシートの記述。 ・班での議論の様子や
主体的に学習に取り組む態度【態】	・積極的に画像解析や議論に取り組んでいる。	・班での活動。

ホワイトボードの記述。

●指導にあたっての工夫（①授業形態の工夫、②指導方法の工夫、③教材の工夫）

①授業形態の工夫

生徒自身が実際に画像解析を体験し、得られた結果が何を意味しているのかを班で議論し、他者に説明する活動を中心に行う。生徒は使用したことのないソフトを用いて画像解析を行うため、内容の理解に加えて操作上の困難が生じることも考えられるので、班活動を中心とすることで、生徒それぞれが主体的に参加しやすい環境を構築する。

②指導方法の工夫

班ごとにパソコンを用意し、班の構成人数をなるべく少人数（最大5人）とし、班ごとに授業補助者をつけ、生徒がいつでも質問できる環境をつくることで、きめ細かい指導を行う。

③教材の工夫

ＥＩＳＥＩを用い、土地の経年変化を読み取る。衛星写真での土地の経年変化は目視だとわかりにくいため、光の3原色を利用する。年代の異なる写真の土地の部分をそれぞれ違う色で表現し、重ねることで、年代の違いによる差異を色の違いから読み取ることを目的としている。生徒は、画像から得られた情報に基づき、差異の原因を推測する。画像解析では光の3原色、光の波長と色の関係、画像の仕組みの理解が必要となるため、画像解析の前にそれらを演示実験も交えながら説明する。

衛星画像を用いて日本だけでなく世界の土地の変化も調べさせることで、「地球規模の問題を分析する」というテーマを通じて、人工衛星の利用価値や必要性を実感してもらう。

●授業の展開

	学習内容（○）と学習活動（・）	指導上の留意点（・）
導入・講義（10分）	○データサイエンスは日常を豊かにすることを解説する。 ○衛星画像解析を行うために、リモートセンシングと反射波、物体による太陽光の反射、色の見え方について解説する。 ○光の3原色について演示実験を交えて解説する。 ・人工衛星からさまざまなデータが得られることを知る。 ・光の3原色について知る。 ・光の3原色を用いて画像解析ができることを知る。	・光の3原色。
解析1（25分）	○解析1：東京湾の経年変化を調べよう ○ＥＩＳＥＩを用い、画像の取り込み方、複数の画像がある場合に3原色を用いて色合成を行う方法	・1班（4～5人）につきＰＣ1台のため、皆が均等に活動できるよう、机の配置や時間配分を

	を解説する。 ・1972年と1999年と2020年の東京湾の画像を目視で比較し、違いについて考察する。 ・次に、画像解析で比較を行い、2020年のほうが土地の部分が増えているという結果から、その原因について班ごとに考察を行う。 ○EISEIで解析した画像をGoogle Earthに貼り付ける方法を解説する。 ・衛星画像データは、GPSにより位置情報までもっていることを、画像をGoogle Earthに貼り付ける演習を通して学ぶ。 ・考察内容と議論の結果はワークシートに記入する。	工夫して、活動をサポートする。 ・解析の間はつねにタイマーを表示をする。 ・生徒の操作上の困難や内容の理解度について、よく確認しながら慎重にすすめる。
解析2 （30分）	○解析2：森林の変化から地球規模の問題を考えよう ・ある森林の経年変化について画像解析を行い、森林火災によって短期間で急激な変化が起きていることを画像解析から見出す。 ・光の3原色の考え方から、色がどのような状態を示しているのか考える。 ・Google Earthに出力して、森林がどの場所のデータであるか、地理的な特定を行う。	・解析の間はつねにタイマーを表示する。

	○画像解析の手法として、色合成を行うと、時間経過で物理的に変化があったものについては視覚的にわかりやすいが、肉眼のほうがわかりやすかったり、色合成だけではわからない情報があることに気づかせる。	
発展（20分）	○富士山の噴火が起き、被害状況をいち早く把握したいと仮定する。状況を把握するために必要なデータと適切な手法を考えさせる。 ○手法については、AとBの選択肢を用意し、被害情報を把握するためにはどちらが有効か、理由とともに考えさせる。A：人工衛星と航空機40機、B：航空機200機。そのほかに、救助隊員2万人と車両300台が用意されている。 ○班で選んだ選択肢（A、B）をもとに、どのようなデータを取得すべきか議論させる。 ・班ごとにホワイトボードを用いて考えた内容を発表する。	・班ごとにホワイトボードを用いてディスカッションを進める。
まとめ（5分）	○データをどのように社会に組み込むのか考え、情報として誰かに手渡せるようにすることが求められていることを説明する。	

○光学センサ、ＡＳＲセンサ、マイクロ波の利用など、人工衛星を利用してわかることは陸域、空域、海域それぞれでたくさんあることを説明する。データをどう活かすかが大切であることを説明する。

●授業を行った大学生の声

リモートセンシングに着目し、衛星画像で地球規模の課題を分析するというテーマで授業を行いました。宇宙ビジネス市場の拡大により、どの職業も宇宙と関わりをもつ可能性があります。そうした背景をふまえ、宇宙開発と社会をつなぐ宇宙利用を学ぶことができるよう設計しました。授業は解析とディスカッションの2段階です。解析編ではＥＩＳＥＩを用いて画像の色合成を行い、東京湾の埋立地の分析をしました。また、光の3原色の簡易実験で色合成への理解を深め、Google Earth と連動させ地理情報との関連性を調べました。ディスカッション編では富士山の噴火が起きた際の被害状況の把握について、人工衛星を使ったアイデア出しをしました。授業を通して普段体験できない衛星画像に触れることができ、生徒から人工衛星に興味が湧いたという声がありました。人工衛星の幅広い利点をディスカッション編に活かしきれなかったという課題が見つかったため、今後改善したいと考えています。

写真 3-12　授業の様子（1）

写真 3-13　授業の様子（2）

第4章　座談会　宇宙教育プログラムを導入して

本章では「宇宙教育プログラム」を導入した学校（駒込中学・高等学校、聖学院中学校・高等学校）の先生方に話をうかがいます。まずは、「宇宙教育プログラム」の70の心構えをめぐり、現代の中高生にとって特に重要だと思われる項目について、議論を行います。東京理科大学からは山本誠教授、興治文子教授が座談会に参加しました。【聞き手：井藤元（教育学者）】

中島　遼
専門は理科。駒込中学・高等学校理系先進主任。埼玉県・東京都の私立高校で7年間勤務したのち、2016年に駒込中学・高校に赴任し、2019年より現役職。理系先進コースにてSTEAM教育を実践。

山本　周
2021年東京理科大学大学院理学研究科科学教育専攻修了。同年、聖学院中学校・高等学校にて情報科専任教諭として着任。中学情報プログラミング、高校STEAM授業カリキュラム開発・授業担当。現在、情報科主任。2022年度ICT夢コンテスト優良賞、日本デジタル教科書学会第11回全国大会で若手奨励賞、東京理科大学第2回理科・授業の達人大賞審査員特別賞受賞。

第1節　中学・高校時代に育むべき「基本姿勢」

失敗するのが常。成功のほうが稀。失敗を受け入れることが重要。（項目19）／失敗はない。すべてが学びのプロセス。実験結果そのものよりも過程から学ぶべし。（項目21）

井藤　駒込高校と聖学院中学校では、3年にわたり「宇宙教育プログラム」を導入していただきました。駒込高校では、1年目は高校1年生の理系先進コース44名がプログラムを受講し、2年目はプログラムの受講希望者19名が参加してくれました。聖学院中学校では、1年目も2年目も希望者がプログラムに参加する形式をとり、1年目は24名、2年目は23名の生徒が参加してくれました。本日は両校の先生をお招きし、「宇宙教育プログラム」70の心構えを肴に、いろいろとお話を伺いたいと思います。まずは、70の心構えのうち、「基本姿勢」パートについてお話したいと思います。まずは、両先生にお尋ねしたいのですが、現代の中高生にとって特に重要と思われる項目についてお話ください。

中島　基本姿勢のなかでは、19番の「失敗するのが常。成功のほうが稀。失敗を受け入れることが重要」と21番の「失敗はない。すべてが学びのプロセス。実験結果そのものよりも過程から学ぶべし」が特に重要だと思います。現在、本校では探究活動を積極的に取り入れていきたいと考えています。

写真4－1　右から井藤、中島、山本（周）

生徒たちに「〇〇という探究的な学びを企画しています。やりたい人は参加してください」と呼びかけると、けっこう、人数は集まるんです。けれども、途中でぽろぽろと抜けていってしまうんですね。参加してみて、うまくいかなくてそこでやめちゃう生徒もいるわけです。

生徒たちにはうまくいかなかった原因が何なのかを探ってほしいですし、失敗したときに、ではどのように改善すればよいかを考えてほしいのですが、その段階まで行かずに止まってしまう子が多いというのが実態なんですね。

本校は、名古屋大学発のベンチャー企業さんと一緒に「熱伝導」の研究をしているチームがあり、「TIMシート」という熱を逃がすシートの開発をしています。最初、そのプロジェクトに集まった生徒は12人ぐらいいました。

そもそも熱が伝わりやすいか、伝わりにくいかをどのように評価するのかという話になったのですが、そのときに、たとえば赤外線で温度変化を測ってみるとか、恒温槽にシートを置いて温度変化を温度計を刺してみるとか、いろんなことを試したんですけれども、なかなかうまくいきませんでした。そして、試行錯誤の途中で生徒たちがどんどん抜けていってしまったんです。

最後まで残った生徒たちは、うまくいかなかったときに違う方法を考え、科学的な検証を繰り返していました。そういう生徒たちは最終的にとても力をつけていました。温度変化を2時間程度、測るんですけど、2時間ずっと自分たちで測るのは大変だから、「Pythonを使って温度変化を自動でエクセルに落とせるようにしよう」みたいなこととか、自分たちの力で実践しているんですね。だから、やり遂げられた生徒たちにとってはすごい学びになるのですが、そこまでもっていくのは、けっこう大変です。

井藤　探究に向かうにあたり、失敗は常で、失敗から学ぶしかないんだよという、そのあたりのマインドセットが現時点で備わっている生徒さんが決して多くはないということでしょうか。

中島　探究活動を授業の中でやるのと、課外活動としてやるのとではかなり状況が違うとは思います。先ほどお話した名古屋大とコラボしている探究活動は、課外活動として行っております。授業の中での探究活動だったら、生徒たちもここまではやらないと駄目だという目標もあるので、多分頑張ると思うのですが、ただ、それは評価がつくからとか、何かしらメリットがあるからやっているだけだと思うんですよね。

探究活動は、そもそも良い評価を求めて行うのではなく、自分たちが知りたいから参加するものじゃないですか。だから、評価のあるなしにかかわらず、興味をもったテーマについて、最後までやり切れる子を育てたいなというのが、今一番感じているところですね。

プロジェクトメンバーでカバーしきれない問題が起きた場合、その道の専門家を探す。（項目9）
／プロジェクトに対して当事者意識をもつ。（項目13）

井藤　ほかに重要だと思われる項目はありますか？

中島　基本姿勢の9番目「プロジェクトメンバーでカバーしきれない問題が起きた場合、その道の専門家を探す」と13番目「プロジェクトに対して当事者意識をもつ」も重要だと感じています。

先ほどのお話の続きなのですが、プロジェクトに応募した生徒は12人で、結局、最後まで残ったのは2人でした。その残った2人の生徒がプレゼンをする機会があって、そこで彼らが語っていたのがまさに13番の内容でした。「プロジェクトは人数が少ないほうがいい。自分が責任をもてることでないと、当事者意識が生まれないため学びにならない」という話をしていました。それを聞いて私自身もたしかにそうだなと思いました。

最後まで残った生徒2名については、プロジェクトメンバーでカバーしきれない問題が起きた場合、つまり袋小路に入ってしまった場合は専門家への助言を求めていました。

井藤　自力ですべて何でもかんでも解決しようとするんじゃなくて、必要に応じて、その道のプロに力を借りるということも必要ということですね。ありがとうございます。では、次に山本（周）先生よろしいでしょうか。

興味の幅を広げる。好奇心をもってアンテナを張り続ける。（項目5）**／越境していく勇気をもつ。**（項目6）**／謙虚な姿勢が必要。宇宙に向き合っていくと人は自然に対して謙虚にならざるをえない。**（項目24）

山本（周） 私は5番目の「興味の幅を広げる。好奇心をもってアンテナを張り続ける」と6番目の「越境していく勇気をもつ」が特に重要だと感じています。

本校では「宇宙教育プログラム」を中学2、3年生を対象として導入しました。今の中学生は、タブレットなどいろんなデバイスで情報を取得することはできるのですが、じつはアルゴリズムによって偏った情報しか取得できていない場合も多々あります。そのため、さらに広くアンテナを張ってほしいという思いがあります。

本校は（男子校ということもあるかもしれないですが）良い意味でも、悪い意味でも、自分のところの領域にとどまる傾向があります。良い意味に関しては、自分に与えられた範囲のことをとことんやる。悪い意味に関しては、他人の領域に興味がなかったり、他人に何かしてあげようという意識が足りなかったり。

「宇宙教育プログラム」は、いろんな分野の内容が混ざっていますよね。理科が好きな生徒に対して、数学の視点でみれば、数学の知識があれば、こんなこともわかってくるんだということを示してくださいました。そのように教科や分野を越境していく姿勢がとても重要だと思っています。

井藤　なるほど。聖学院中学・高校は、ＳＴＥＡＭ教育を推進されていますよね。芸術家の方とコラボした授業など、さまざまな工夫をされているかと思います。

山本（周）　そうですね。特に高校の新しいクラス（グローバルイノベーションクラス、以下ＧＩＣと表記）では、海外に出ていく生徒も多いので、そういう意味でも外に出ていくマインドがないと、海外に行っても活躍できないと思います。越境する勇気がなければ、そもそもコミュニケーションがとれないわけで。

それと、24番目「謙虚な姿勢が必要。宇宙に向き合っていくと人は自然に対して謙虚にならざるをえない」も重要だと思います。本校には、さまざまなプロジェクトがあり、そこでの小さな成功体験が積み重なり、自己肯定感が高くなる生徒が多いです。それ自体は良いことなのですが、ただ、もう一歩先の専門的な領域に関しては、立ち止まって自分をしっかり見つめ直してほしいなと思っています。プロの方の意見とか、先輩、後輩にもしっかりと意見を聞き、謙虚に向き合ってゆくことは大事だと感じています。

木を見て森も見る。（項目26）

山本（誠） 26番の「木を見て森も見る」についてお話させてください。大学の授業では、多くの場合「木」しか教えない。全体の「森」は誰も教えないという状況で教育が行われています。ただ、森も見せなくちゃいけないんじゃないかなと私は思います。たとえば、私は機械工学が専門なのですが、機械工学はいくつか分野に分かれていますが、そこだけしか教えない。全体像がわからないから機械がわからない。そうすると総合的に物事を見れなくなってしまうので、将来、損ですよね。全体が見られない人になるわけですから。結局、部分しかやらせてもらえない人になって損をする形になるので、やっぱり全体を見る習慣もどこかで身につけておいたほうがいいのかなと思うんですけどね。

たとえば、数学で微分・積分を教える場合、微分・積分のやり方がわかったとしても、これをどこで使うのかとか、どういう理由でそれが生み出されてきたのかとか、何に使われているんだとか、そういうことも一緒に教えないと、学習者も意欲が湧かないだろうし。やはり、森を見るという姿勢が大切なんじゃないかなと思います。

興治 私の専門は物理教育・理科教育なのですが、物理の授業ももたせてもらっていて、1年生の物理なので、力学をやるんですけれども、最初の年は普通にオーソドックスなところから始めて、14回目の授業で、物理学というのがどういう世界観でできているかについて話をするんですね。よくいうウロボロスの蛇。宇宙から始まって、私たち人間が生きているスケール感があって、もっと小さくしていくと、最終的にはまた宇宙とつながるみたいな話。あと、根本的には物理学というのは、4つの力しかない。力学と電磁気の力、強い力と弱い力。

そういう話を学期の授業の最後にしたら、その年のアンケートに、「そういう話は最初に聞きたかった」と書かれていて、次の年からは、1回目の授業で「森」に関する話をしているんですね。

高校までで、基本的にほとんどの人が「物理」を学んできているという前提があるので、そうした知が全体像の中でどう位置づけられるかという話を、大学生はずっと理解してくれるのかなと思います。中学生や高校生だと、そのあたりの素養があまりないので、いきなりそのような話をしても伝わるかなと少し心配ではあります。世界観を伝えるのは、結構難しいんじゃないかなと個人的には思います。

山本（誠）　大学教育は専門教育ですので、基本的に狭いんですよ。日本の人材というのは専門家はいっぱいいるけれども、全体を見られる人が育たない。だから、プロジェクトマネージャーが育たないんですよ。

第2節 「立案」「開発」「運用」「解析」について

> **面白いと思ったらやってみる（最初の段階では、実現可能性は考えなくてもよい）。（項目27）／目標に優先順位をつける。（項目35）／自分の身の丈を知る（自分にできること・できないことを明確化する）。（項目42）／目標を達成するための理路を明確に提示する。できるだけ具体的な計画を立てる。大目標を達成するための小目標を詳細に打ち立てる。マイルストーンの設定。それぞれの人が、それぞれの専門に基づいて大目標を実現するための小目標をクリアしていく。（項目36）**

井藤　ありがとうございます。次に「立案」「開発」「運用」「解析」に関してお話を伺いたいと思います。

山本（周）　27番「面白いと思ったらやってみる（最初の段階では、実現可能性は考えなくてもよい）」と35番「目標に優先順位をつける」が特に重要だと思います。

まずは、やはり面白いと思ってやってみるというのがすごく大事で、特に理系の分野であれば、自分の興味をもったテーマに対して、とりあえずやってみる。できるかできないかわからなくても、チャレンジするというのは、すごく大事な姿勢だと思っています。

一方、今の時代、大学や企業が、学校に対していろいろなコンテンツを提案してくださるので、本校としても、そうしたコンテンツを生徒たちにたくさん提供することができるのですが、特に高校生は、それらをやり切る時間の余白、中学生はグリッド力が意外と身についておらず、そういう意味でも、目標に優先順位をつけることは重要だと思います。

井藤　あれもこれもと無闇に飛びつくのではなく、ドロップアウトせずにやり切る力も合わせて求められるということですね。とりあえずやってみるというのは大事ですが、取捨選択も必要ですよね。

山本（周）　そうですね。高校生は忙しいので、通常の授業以外のプラスアルファの活動に関しては生徒たちが優先順位をつけて参加する必要があると思います。

井藤　中島先生、いかがでしょうか。

中島　私も27番「面白いと思ったらやってみる（最初の段階では、実現可能性は考えなくてもよい）」が重要だと思います。

本校でも、ＳＴＥＡＭ教育の授業を行っているのですが、とにかく「すぐやる力」が大事だと生徒たちには伝えています。思い立ったときにやらなければダメだと。

私のところには、いろんなコンテストに関する情報が届くんですね。私のところに来た情報をすべてスプレットシートにまとめて生徒に共有しているんです。

ものすごく数が多いのですが、ぱっと見て、やってみたいという子もいれば、反応しない子もいて、ハッキリとわかれますね。たとえば３人チームで出場しなければいけない場合に、チーム編成の段階で行き詰まる子もいるし、すぐにチームがつくれる子もいる。後者の場合は、いろんなチャンスをつかめるんですね。

うまくいく、いかないに関係なく、面白いと思ったらやってみる生徒のほうが、やはり、最終的にリターンが大きいです。

ひとつ例を挙げたいと思います。夏休みにプロジェクションマッピングの講座があったんですね。私のクラスにやってみたいという女子生徒がおり、友達を誘って彼女はその講座に参加しました。普通のプロジェクションマッピングは物に映像を投影しますが、人に投影するタイプのプロジェクションマッピングについての体験がありました。面白いから文化祭で使ってみようという流れになり、彼女たちは勉強して、文化祭で出店したカフェの一部分にプロジェクションマッピングが体験できるゾーンをつくったんですね。その企画はとてもうまくいき、彼女たちにとって大きな学びとなりました。その次の年は、コロナ禍で全国一斉休校となった年だったのですが、その年に、学校の校舎にプロジェクションマッピングをしている学校があるから一緒にやりませんかと声がかかり、駒込高校の校舎でプロジェクションマッピングを行いました。

そして、2022年に文化部の全国大会（総合文化祭）が東京で開催されたのですが、そのなかの特別公演で和太鼓の演奏とともにプロジェクションマッピングをできないかという話になりました。本校は和太鼓部が強いので、コラボレーションすることになったのです。

以上のような展開が生まれたのも、思い返してみれば、プロジェクションマッピングをやりたいと言ったひとりの女子生徒の思いから始まっているんですよ。

中島　35番「目標に優先順位をつける」と42番「自分の身の丈を知る（自分にできること・できないことを明確化する）」も大切ですね。聖学院中学・高校同様、本校でもＳＴＥＡＭ授業が行われており、いま、高校2年生は、自分たちでテーマを決めて、身近なものの問題解決をはかる授業を行っています。

どこから何を進めていけばよいかが全然わからない生徒もいるので、まずは、とにかく36番（「目標を達成するための理路を明確に提示する。できるだけ具体的な計画を立てる。大目標を達成するための小目標を詳細に打ち立てる。マイルストーンの設定。それぞれの人が、それぞれの専門に基づいて大目標を実現するための小目標をクリアしていく」）が、すごい重要になってきます。

個人課題に取り組む際に、何にもできなくて止まってしまう生徒も一定数いるので、授業の最初に、今日の目標をちゃんと決めて、「何をするのか」「何をしないのか」「何ができるのか」を、生徒たちに宣言させてからスタートします。あとは、授業後に「できたこと」と「できなかったこと」を、毎週、「報告書」に書かせていて、簡単なレポートを提出してもらっています。そういう意味では、やはり、42番の「自分の身の丈を知る（自分にできること・できないことを明確化する）」ことは生徒たちのモチベーション維持のためにも必要なんです。

井藤　飛び込む勇気、面白いと思ったらすぐにやってみるという姿勢だけでなく、計画的に、自分の身の丈にあったことを着実に実践していく態度も不可欠だということですね。駒込高校では、生徒たちが絶えずリフレクションを行うよう、促していらっしゃるのですね。

目標に対する成果を3段階（ミニマムサクセス、ミドルサクセス、フルサクセス）で設定する。（項目38）

山本（誠） ひとつ質問していいですか。38番（「目標に対する成果を3段階（ミニマムサクセス、ミドルサクセス、フルサクセス）」で設定する）が気になっています。いわゆる事後評価ですよね。これについてはどのようにお考えでしょうか。

山本（周） 高校生になるとスプレットシートを使って進捗管理をしていくので、それを見ながら「スケジュール通りにできたね」とか「ここのところで自分たちのやろうと思っていたことはできたね」といった具合に、授業の中で教員から生徒に対して、あるいは生徒同士でも頻繁に行っています。たとえば、聖学院高校のＳＴＥＡＭ（美術・理科・情報の連携授業）では、1年間のテーマが「五感を使った空間デザイン」で、3学期は週6コマ分がまるまる制作活動になります。そのなかでは、コンセプト定義から制作スケジュール、制作にかかる予算管理などまで3、4名のチームで役割分担しながら活動します。はじめはチームの全体コンセプトが社会に対して環境破壊の提唱で揃っていたにもかかわらず、作成し始めたらそもそも環境破壊に対するイメージが少しずつ異なり再度話し合いをし、調整することなども多々あります。これらの軌跡もきちんと記録していくことで、それぞれがチームに対してどのようなタイミングでどのような貢献をしたのか、というミニマム・ミドルサクセスが自然と起こります。それらが集まることで、最終的にフルサクセスとなりリアルな成果物にもなります。そのほかにもPROJECTという3年間行う探究活動では、5つの大きなテーマにそれぞれの学年でわかれ、それが異学年で構成されます。その活動は特に個々の活動になりますので、目標と成果をつねに確認しながら進めていきます。ですので、プロジェクトの完了後というよりも、絶えず活動の中で成果を確かめあっている感じですね。生徒たち同士でお互いに感じたことをフィードバックしあっています。

中島　駒込高校の場合について。たとえば、1年生の1学期にSTEAM授業で扇風機をつくるのですが、最初はうまくいかなくて、途中からうまくいくケースもあればその逆もあります。普通の座学の授業とは違い、毎時間毎時間、着実に進むわけではありません。うまくいく日もあれば、全然うまくいかない日もあります。何をもって成果というかは難しいのですが、写真や動画を撮って、何ができたのか／何ができなかったのかを、ほかの人にもわかるように生徒たちには明確化させています。

あと、学期に1回、成果をレポートにまとめさせるのですが、生徒たちには成果についてプレゼンした動画（5分）を撮って

送りなさいと指導しています。

本当は対面でプレゼンさせたいのですが、30人生徒がいれば、30×5分＝150分が必要ですよね。すごく時間がかかってしまいます。

そこで本校では、まず1年生から3年生まで学年を混ぜて3学年で合同のチームをつくります。そこで「これやりました、あれやりました」というのを1人5分ずつプレゼンさせます。3年生は、2年生や1年生にアドバイスをし、この過程でプレゼンの質が高められます。

対面でプレゼンを行わせたあと、学期末に生徒たちにはプレゼン動画を撮って送らせています。


当初の目的が果たせているかを検証する（ミニマムサクセス、ミドルサクセス、フルサクセス）。（項目52）／データを生で見る。立案段階の仮説にとらわれず、さまざまな角度からデータを分析する。（項目53）／想定外の結果が出ても嘆く必要はない。そこから新たな発見が得られる可能性がある。（項目54）／拘束条件の中で、実現可能な解を見つける。（項目41）

中島　「解析」カテゴリ、52番の「当初の目的が果たせているかを検証する（ミニマムサクセス、ミドルサクセス、フルサクセス）と53番の「データを生で見る。立案段階の仮説にとらわれず、さまざまな角度からデータを分析する」も重要だと感じています。
やはり仮説・検証がきちんとなされているか。その仮説・検証が客観的かどうか。何となく理由をつけているのではなく、こういうデータがあるから、このデータは確からしいということをきちんと示すことができているかが重要かなと思います。

高校2年生の理科の授業で、ボイルの法則やシャルルの法則の実験をするんですね。実験をしていて、たとえばシャルルの法則の場合、温度を変えていき、体積がどう変わるのかを2人1組で実験させています。

この前、円運動の実験を行った際、実験誤差がありすぎてうまくいかなかったこともあるのですが、うまくいくかどうかはさておき、自分たちが実験した成果が現実的に学んだ数式にきちんと表れているか、体感することもけっこう重要かなと思います。

山本（周）　54番（「想定外の結果が出ても嘆く必要はない。そこから新たな発見が得られる可能性がある」）について。聖学院高校のＳＴＥＡＭの授業の場合、高校1年生と2年生で大きく異なっています。高校1年生は、理科と美術と情報で、デザイン、アートのところにかなりフォーカスした授業を行っており、高校2年生は美術が数学に変わり、データサイエンスをやっているんですね。

どちらにしても、想定外の結果は出るんですよね。たとえば、前者の場合、当然、アートなのでどこから答えがないといいますか、想定外のことがたくさん起こるのですが、たとえば、光を見ていたときに、自分が予想していなかった光の屈折が起こったり、物を合わせたら違う反応が起きたり、造形の課題において、適当につくって翌週、教室に来てみたら、魅力的な形になっているとか、そういうことがあるんですね。

写真4－2　右から山本（周）、興治、山本（誠）

高校2年生のデータサイエンスに関していえば、1、2学期は数学に関しては「統計」を学び、理科に関しては実験の作法を学び、情報に関しては数学と理科の連結部分を担っていくという形で進めました。そして、3学期に自分のテーマを定めて進めていくという形にしています。

去年の授業で、ある生徒（コーヒーをタイのチェンマイからダイレクトトレードで輸入し、自分でドリップパックにして、会社を立ち上げて売っている生徒）が「最強のボディーをつくるには？」という問いを立てて、自分の体を実験台にして、健康になるために試行錯誤をしたのですが、うまくデータは出なかったんですね。われわれからすれば、データが1つしかないですし、ほかのことを試していないから成果が出ないのは当然なのですが、そのようなチャレンジを経て、そこからまた新たな挑戦が生まれてくるのかなと思っています。

山本（誠）　そのような教育を受けた高校生、中学生だったら次の挑戦にきっとつながりますよね。基本的に1つの答えしかないという昔ながらの教育を受けた身からすると、探究型の学びには期待したいですし、大きな進歩だなと思いました。隔世の感がありますね。

興治　両校とも探究的な活動に対してとても熱心に取り組んでいらっしゃるというのが伝わりました。「宇宙教育プログラム　70の心構え」に書かれていることが、高校や中学の段階で豊かに実践されていると感じました。

山本（周）　41番「拘束条件の中で、実現可能な解を見つける」も重要ですよね。ＳＴＥＡＭの授業に関して言えば、予算や時間の制約の中で、ある程度納得のいくものや、何かしらの結果を出すというのが大事だと思います。

アートの制作においては、予算や期間だけでなく、大きさなども重要になってきます。生徒が教室を丸ごと１つ使いたいと言っていたのですが、３か月間教室を占拠するのは無理だからといって、ある程度の大きさに納めてもらったこともありました。けれども、与えられた条件の中でやりたかったことを実現できたことは、彼らにとって面白かったようです。

第3節　「チームづくり」について

チームのメンバーの関心事に興味をもつ。互いのバックグラウンドに敬意を払う。相手の立場を想像する。（項目57）

井藤　チームづくりの62番「適度な貧乏が創造性を育む」にもつながりますね。ここで「チームづくり」に話題を移しましょう。これからの時代、ひとりで何かをやり遂げるというよりは、チームで、お互いの足りない点を補完しあいながらプロジェクトを進めていく力がよりいっそう、求められてくると思います。項目の中で特に重要だと思えるものをお選びください。

山本（周）　57番の「チームのメンバーの関心事に興味をもつ。互いのバックグラウンドに敬意を払う。相手の立場を想像する」が重要だと思います。誰かと一緒に作業を行うときには、その人の背景などを把握していることは不可欠だと思います。STEAMの授業を行う際、担当の先生たちと雑談をすればするほど、良い問いが生まれたり、生徒へのファシリテーションや、声かけがうまくいったりする場面が多くあります。

井藤　プロジェクトを進める際には、まさに「同僚性」が大切ですよね。「同僚性（collegiality）」は近年、注目を集めている概念ですが、「相互に実践を高め合い専門家としての成長を達成する目的で連帯する同志的関係[1]」を意味します。「同僚性」は、愚痴や趣味にまつわる話を社交的に語り合う「おしゃべり仲間」（peers）とは区別されます。

山本（誠）　懇親会における交流は本当に大切ですよね。研究においても、学会のあとの飲み会でいいアイデアが出てきますからね。対面でフリーなディスカッションの場や時間をもつことができるというのは、大切なことだと思います。

第４節　生徒たちの反応

井藤　では、ここからは宇宙教育プログラムをいち早く取り入れていただいた2校の先生方に、生徒さんから寄せられた感想をシェアいただけたらと思います。生徒たちの発言や様子など、印象に残っているものがあれば、教えていただけるとうれしいです。

山本（周）　生徒から「楽しい」という感想がたくさん寄せられました。理科の授業で学んだことが宇宙教育プログラムの中で出てきたこともあり、生徒たちからは「あ、これでつながった」と喜びの声もありました。さらに、中学時代に宇宙教育プログラムを体験した生徒が、高２ＳＴＥＡＭのデー

（1）佐藤学『教師というアポリア――反省的実践へ』世織書房、１９９７年、４０５頁。

タサイエンスの授業で、宇宙をテーマに取り組んでみようとしています。「森」が見えた瞬間が生徒たちに訪れたのだと思います。

中島　本校では2年間、宇宙教育プログラムを導入したのですが、2年目は東京理科大にお邪魔して、野田キャンパスで受講させていただきました。スペースデブリの回収の話では、生徒たちは最初、やり方がわからない様子でした。けれどもとりあえずゲーム感覚でやってみて、何かとか課題をクリアできました。そして、できたところから、一歩踏み込んで、「何でできたんだろう」と考え始めていたので、すごく良い学びだなと感じました。今、私が受け持っている高校2年生が、最近まで円運動の勉強をやっていて、第2宇宙速度の話をしました。そのとき、「宇宙教育プログラム」に参加した子が、宇宙教育プログラムの内容をふまえて熱心に議論している姿を目撃しました。授業中に「こうじゃないか、ああじゃないか」と議論しているんです。

井藤　学びが持続しているのですね。「宇宙教育プログラム」の数日間で終わらずに、生徒さんの中で問いが持続しているというのは素晴らしいです。

中島　そうですね。単に「楽しい」だけで終わるのではなく、生徒たちの中で学びが血肉化してくれたのはよかったです。

第5節　宇宙開発に対する生徒たちの関心度

井藤　最後に、現代の中高生の宇宙開発への関心度の高さについて、先生方の実感をお聞かせください。貴校の中高生のうち、宇宙開発に関心をもっている生徒はどの程度、存在していますか。また、宇宙教育プログラムを受講したことで生徒さんたちの宇宙への興味・関心がどう変化したか教えていただければと思います。

中島　私は高校生の担任をしてまいりましたが、生徒と二者面談をしていて、宇宙開発に興味をもっている生徒は、そこまで多くないというのが現状です。生徒たちは、将来、宇宙開発の道に進むということがそもそも選択肢として入っていないのだと思います。宇宙教育プログラムを今後、広く展開していただくことで、生徒たちの選択肢も増えるのかなとは思います。

井藤　なるほど。そもそも生徒たちの進路の選択肢にすら入ってないという現状なのですね。

中島　そうですね。東京理科大で開催された「宇宙教育プログラム」に参加したある生徒が、学校内でスペースデブリの話をしていて、プログラムに参加していなかった生徒が「それ、なあに」と話を聞いている場面に遭遇したことがあります。友達の話を聞いて、スペースデブリについて調べる生徒も出てきていたので、やはり「宇宙教育プログラム」は有意義だと思います。

山本（誠）　もともと、本プロジェクトは文部科学省の委託事業で、宇宙を目指す人材をなんとかして増やしたいという思いからスタートしているものですので、中島先生がお感じになられていることはおそらく正しいのでしょうね。

私の年代だと、アポロ11号とか月面着陸の実況中継をテレビで生で見て、「宇宙、すごい!」と感じることができました。今はそういうイベントがないですよね。宇宙が普通になってしまっていて、なかなか、中学生・高校生の話題にも上らなくなってしまっているのではないでしょうか。やはり話題に上らないと宇宙を目指すというモチベーションも湧いてきませんよね。露出度が減っているのだと思います。

一回、ロケットの打ち上げを生徒に見せてあげたら、コロッと変わると思うんだけれど(笑)。ロケットの打ち上げを見るとものすごく感動しますよ。

井藤　山本(誠)先生は、打ち上げをご覧になったことがあるんですか。

山本(誠)　はい。スペースシャトルの打ち上げを見ました。ケープ・カナベラル(Cape Canaveral アメリカ・フロリダ州中央部・ブレバード郡の大西洋上に浮かぶ砂洲)まで見に行ったのですが、すごかったですね。火の玉が空に上がっていくのが見えて感動的でした。

生徒たちに一回見せてあげたいなと思います。実体験が大切。実体験をともなっていなければイメージ先行になってしまって、一歩を踏み出すには至らない。

中島　どこで見るのがお勧めなのですか。

山本(誠)　日本のロケットも大きくなったので種子島でも見ることができますよ。昔は小さかったのですが、今はアメリカと同じサイズのロケットを打ち上げていますから。ただし、天候が悪いと打ち上げが延期になってしまうので打ち上げに立ち会うのは難しいんですよ。

井藤　運が必要なのですね。

山本（誠）　そうです。運が必要。せっかく見に行っても延期になって見られないなんてことがしょっちゅうあります。

山本（周）　私自身の話をすると、私は小学生のときに、天体望遠鏡をもっていたんですよ。当時、天体望遠鏡はとても高価でした。でも、どうしても星が見たくて、進研ゼミで数年ポイントを貯めまして、家の隣の駐車場で毎晩、見ていました。また、小学校に集まって夜に星を見る会があって参加したこともあります。幼い頃は宇宙に大きな興味を抱いていました。ただ結局、私の中で宇宙への興味は持続しませんでした。何でそうなったかというと、その後、学校でいっさい宇宙の話が出てこなかったんですね。「宇宙教育プログラム」に出会うまでは、宇宙に触れる機会がありませんでした。ですから、「宇宙教育プログラム」で本物を体験させてもらえるというのは本当にいいなと思っています。

本校の生徒の中にも宇宙のコアなファンはいるんですよね。それは鉄道好きに似たようなところがあって、宇宙が好きな生徒はいるんです。

ただ、本校は文系の生徒がかなり多いんです。6、7割が文系なんです。理系の生徒たちも文理系の学部に進学する傾向があるので、全体として文系が多いです。本校の生徒たちが、どういうモチベーションで「宇宙教育プログラム」を受講したかというと、中学2、3年生については、「楽しそうだから」という思いで受講する子もいれば、本気で宇宙について学びたいという子もいました。

「宇宙教育プログラム」の中で、「これからの宇宙開発においては文系・理系という枠は関係ない」というお話がありました。「そもそも、現代においては文理の壁がなくなりつつありますが、今後、宇宙分野では、法律の話（国際法）をはじめ、文系の人が活躍する場面が多々ある」という話を聞いたある生徒が「宇宙開発の道、私にとってアリかもしれないです！」と言っていました。「宇宙教育プログラム」に参加するまでは、彼らにとって、宇宙は遠い存在だったのだと思います。けれども、プログラムに参加したことで宇宙がグッと身近に感じられるようになりました。

井藤　ありがとうございます。「宇宙教育プログラム」は、「裾野を広げるという」のがメインのミッションで、（鉄道ファンのように）宇宙に関心をもっている生徒たちは、放っておいても、宇宙開発のほうに進んでいくと思いますので、その層がターゲットではありませんでした。本プログラムでは「宇宙にまったく興味がなく、そもそも将来の選択肢に入っていなかった」という生徒たちに、こっちを向いてもらうためのプログラムづくりが行われてきたので、山本（周）先生のお言葉を聞いて、すごく勇気をいただきました。

山本（誠）　宇宙を身近に感じてもらう機会が必要だとあらためて感じました。と同時に、それが非日常じゃないとダメなんだと思います。日常になってしまうと生徒は興味をもたない。例えば自動車は日常の中にありますよね。どこにでもあるので、興味をもってくれない。だから、身近にはあるけ

写真４－３　座談会の様子

れど、非日常で、しかも本物に触れることができるという環境を、このプログラムで用意していくことが大切なのではないかと感じました。そのあたりが、中高生の目を宇宙に向けるためのキーポイントではないかという気がします。

おわりに

東京理科大学では文部科学省の宇宙航空科学技術推進委託費による宇宙分野での人材育成プログラムとして「宇宙教育プログラム」を2015年度から9年間にわたり実施してきました（第1期：2015〜2017年度、第2期：2018〜2020年度、第3期：2021〜2023年度）。第1期、第2期は高校生・大学生を対象として、将来の宇宙科学技術を担う理系人材の育成を目的としていましたが、第3期は大学生・大学院生を対象として、中学・高校生を対象とした宇宙教育に向けた教材開発力および教育現場での実践力を備えた宇宙教育人材（アストロ・コミュニケーター）の育成を主たる目的としました。本書はその第3期の成果をまとめたものです。

3年間の試行錯誤の結果、講義・演習の受講、過去の宇宙教育教材の体験、宇宙教育プログラム指導要領の学修、新たな宇宙教材の開発、ファシリテーション能力開発講座の受講、指導要領に基づいた指導案の作成、模擬授業による教材の洗練、中学・高校生を対象とした教育実践から構成された一連の宇宙教育人材育成プログラムが開発されました。聖学院中学校、駒込中・高等学校、江戸川学園取手中・高等学校のご協力を得て、実際に開発した宇宙教材を用いた授業を開講し、多くの生徒から好評を得ることができました。

さらに、過年度の受講生をメンターとして採用し、受講生に助言を行う体制を整えました。本プログラムの受講によって宇宙教育人材としての基本的素養を身に付けた学生が、メンターとしての経験を通じ、さらに優れた宇宙教育人材に育ってくれたものと思われます。宇宙教育プログラムにご協力いただいた多くの外部講師・外部評価委員の皆様、プログラムの実践にご尽力いただいた教員・職員の方々にこの場をお借りしてお礼を申し述べたいと思います。

最後になりましたが、本書の刊行にあたってはナカニシヤ出版の酒井敏行様に多大なるお力添えをいただきました。本書の意義をお認めいただき、あたたかく導いてくださった酒井様に心より感謝申し上げます。

本プログラムの成果を将来の宇宙人材の育成に活用していただけることを祈念しつつ、本書を閉じたいと思います。

山本誠（東京理科大学工学部機械工学科教授）

第3期 宇宙教育プログラム開発メンバー

宇宙教育プログラム担当教員

代表者：向井 千秋 特任副学長（宇宙飛行士）

藤井 孝藏 教授(現客員教授)
工学部 情報工学科
航空宇宙工学（宇宙輸送、宇宙科学）、流体力学、計算工学など

木村 真一 教授
創域理工学部 電気電子情報工学科
宇宙システム工学、自律制御工学、ソフトウエア工学

山本 誠 教授
工学部 機械工学科
流体工学（数値流体工学、乱流、圧縮性流、混相流、マルチフィジックス）

松下 恭子 教授
理学部第一部 物理学科
X線観測による星から宇宙最大の天体までの形成と進化

渡辺 量朗 准教授
理学部第一部 化学科
物理化学（表面物理化学、光化学）

立川 智章 准教授
工学部 情報工学科
多目的設計探査、進化計算、データマイニング

鈴木 英之 教授
創域理工学部 先端物理学科
超新星ニュートリノを中心とする理論天体物理学

井藤 元 教授
教育支援機構 教職教育センター
教育学、教育哲学

興治 文子 教授
教育支援機構 教職教育センター
理科教育学、物理教育学

インタビュー協力者一覧

氏　名	所　属
伊藤　隆	宇宙航空研究開発機構　研究開発部門
上野　一郎	東京理科大学　創域理工学部　機械航空宇宙工学科　教授
上野　宗孝	宇宙航空研究開発機構 宇宙探査イノベーションハブ
河村　洋	東京理科大学名誉教授（元公立諏訪東京理科大学長）
木村　真一	東京理科大学　創域理工学部　電気電子情報工学科　教授
倉渕　隆	東京理科大学　工学部　建築学科　教授
幸村　孝由	東京理科大学　創域理工学部　先端物理学科　教授
後藤田　浩	東京理科大学　工学部　機械工学科　教授
白坂　成功	慶應義塾大学大学院　システムデザイン・マネジメント研究科　教授 株式会社 Synspective 共同創業者
鈴木　英之	東京理科大学　創域理工学部　先端物理学科　教授
相馬央令子	宇宙航空研究開発機構　研究開発部門
立川　智章	東京理科大学　工学部　情報工学科　准教授
土井　隆雄	京都大学大学院　総合生存学館　特定教授
中須賀真一	東京大学大学院　工学系研究科航空宇宙工学専攻　教授
藤井　孝藏	東京理科大学　工学部　情報工学科　教授（現、客員教授）
藤田　修	北海道大学大学院　工学研究院　機械・宇宙航空工学部門 教授
松下　恭子	東京理科大学　理学部第一部　物理学科　教授
向井　千秋	東京理科大学　特任副学長
山本　誠	東京理科大学　工学部　機械工学科　教授

教材開発協力者一覧

氏　名	所　属
並木　正	東京理科大学　教育支援機構　教職教育センター　特任教授
吉川　貴人	内海水先区水先人会　二級水先人　一級海技師（航海）

中高生のための宇宙教育プログラム

2024年 3 月29日　　初版第 1 刷発行

監修者　向井千秋
編　者　東京理科大学宇宙教育プログラム実施委員会
発行者　中西　良
発行所　株式会社ナカニシヤ出版
〒606-8161　京都市左京区一乗寺木ノ本町15番地
TEL 075-723-0111　FAX 075-723-0095
http://www.nakanishiya.co.jp/

装幀＝宗利淳一デザイン
印刷・製本＝亜細亜印刷

ISBN978-4-7795-1801-0　C0037

責任ある科学技術ガバナンス概論

標葉隆馬

科学技術政策の現状と課題、科学技術研究と社会のコミュニケーション、倫理的・法的・社会的課題（ＥＬＳＩ）と責任ある研究・イノベーション（ＲＲＩ）など、「科学技術と社会」に関わるテーマを包括的に解説。

三二〇〇円＋税

宇宙倫理学入門
人工知能はスペース・コロニーの夢を見るか？

稲葉振一郎

宇宙開発は公的に行われるべきか、倫理的に許容されるスペース・コロニーとは、自律型宇宙探査ロボットは正当化できるか……。宇宙開発のもたらす哲学的倫理的インパクトについて考察する、初の宇宙倫理学入門！

二五〇〇円＋税

大災害とラジオ
共感放送の可能性

大牟田智佐子

「いつものパーソナリティーの声が聞こえてほっとした」「ラジオに物心両面で救われた」。災害時にラジオが求められるのはなぜか。ラジオがリスナーと築く連帯感、共感性を軸に、災害放送におけるラジオの役割を解明する。

三二〇〇円＋税

人と動物の関係を考える
仕切られた動物観を超えて

打越綾子　編

動物への配慮のある社会、人と動物の共生する社会、アニマルウェルフェアをを実現するにはどうすればいいのか。動物実験、畜産、自治体、野生動物、動物園、それぞれの現場の最前線からの報告と対話。

二〇〇〇円＋税